电子信息
工学结合模式
系列教材

21世纪高职高专规划教材

Protel 99 SE印制电路板设计与案例应用

主　编　龙滔滔　杨真理
副主编　乔有田　杜洪林

清华大学出版社
北　京

内 容 简 介

本书是介绍 EDA 工具软件 Protel 99 SE 基本功能与基本操作的项目化教程,内容主要包括 Protel 99 SE 概述、电路原理图的设计、原理图编辑器报表文件、原理图库元件制作、PCB 电路板设计、元件的封装制作、层次原理图和多层电路板设计、电路板设计技巧、PCB 设计综合实例等。

本书采用任务驱动的项目化教学模式,以培养学生的专业能力和可持续发展能力为目的,以电路实例作为教学基础,每个项目力求理论与实践并举,尽可能通过实例帮助学生快速掌握电路设计的基本方法和技能。每个实例训练完毕,有该部分的理论讲解供学生巩固知识。另外,书中提供了作品上交区域与教学评价体系,以便教师了解学生对知识的掌握情况,也可以由学生指出教师在教学中的不足之处,相互促进,共同提高。

本书可供高职院校电子信息类及相关专业作为教材使用,也可作为大中专院校相关专业的参考教材,还可以作为电子设计爱好者和从事电路产品设计人员的参考用书。

图书在版编目(CIP)数据

Protel 99 SE 印制电路板设计与案例应用/龙滔滔,杨真理主编. --北京:清华大学出版社,2016
21 世纪高职高专规划教材. 电子信息工学结合模式系列教材
ISBN 978-7-302-42380-5

Ⅰ. ①P… Ⅱ. ①龙… ②杨… Ⅲ. ①印刷电路-计算机辅助设计-应用软件-高等职业教育-教材　Ⅳ. ①TN410.2

中国版本图书馆 CIP 数据核字(2015)第 296354 号

责任编辑:刘士平
封面设计:傅瑞学
责任校对:李　梅
责任印制:刘海龙

出版发行:清华大学出版社
　　　　网　　　址:http://www.tup.com.cn, http://www.wqbook.com
　　　　地　　　址:北京清华大学学研大厦 A 座　　　　邮　　编:100084
　　　　社 总 机:010-62770175　　　　　　　　　　邮　　购:010-62786544
　　　　投稿与读者服务:010-62776969, c-service@tup.tsinghua.edu.cn
　　　　质 量 反 馈:010-62772015, zhiliang@tup.tsinghua.edu.cn
　　　　课 件 下 载:http://www.tup.com.cn,010-62770175-4278
印 装 者:北京鑫海金澳胶印有限公司
经　　销:全国新华书店
开　　本:185mm×260mm　　　印　张:14.5　　　字　数:328 千字
版　　次:2016 年 5 月第 1 版　　　　　　　印　次:2016 年 5 月第 1 次印刷
印　　数:1～2000
定　　价:29.00 元

产品编号:064267-01

前　言

　　电路原理图绘制、印制板设计与制作、电子产品设计与改进是电子信息类专业学生必须掌握的重要技能。本书在调研相关岗位和职业能力要求的基础上，以设计实际电路为工作任务，将专业知识与技能融入其中，使理论和实践有机地结合，把 Protel 99 SE 的各项功能与具体应用紧密相连，便于读者尽快掌握电路设计的主要方法和技能。

　　本书系统地介绍了 Protel 99 SE 概述、电路原理图的设计、原理图编辑器报表文件、原理图库元件制作、PCB 电路板设计、元件的封装制作、层次原理图和多层电路板设计、电路板设计技巧、PCB 设计综合实例等，内容涵盖电路设计过程的各个部分，具有较好的指导作用和参考价值。

　　本书由龙滔滔、杨真理担任主编，乔有田、杜洪林担任副主编，戚玉婕、包玲玲、许郡参与编写。本书在编写过程中得到了扬州职业大学、镇江高等专科学校领导和清华大学出版社的大力支持，也得到教研室同事的帮助，在此表示衷心感谢。

　　由于编者水平有限，加之时间比较仓促，书中难免有疏漏之处，敬请广大读者批评指正。

编　者
2016 年 2 月

目 录

<<<●●●●●●●●●●●●●●●●●●●●●●●●●●●●●●●●●●

第1章

Protel 99 SE概述

 教学导入

　　Protel 99 SE 是一种电子设计自动化（EDA，Electronic Design Automation）设计软件，主要用于电路原理图设计、印制电路板（PCB）设计、可编程逻辑器件（PLD）设计和电路信号仿真。该软件集强大的设计功能、复杂工艺的可生产性和设计过程管理于一体，可以完整地实现电子产品从电学概念设计到生成物理生产数据的全过程。熟练掌握和充分运用这套计算机辅助电路设计软件，可以大大提高电路设计的工作效率。

　　在正式学习运用 Protel 99 SE 设计电路之前，应该初步了解 Protel 99 SE 系统，为后续学习奠定基础。通过本项目学习，应掌握以下基本技能：

◆ Protel 99 SE 软件的安装、卸载；

◆ Protel 99 SE 的基本组成；

◆ Protel 99 SE 基本操作。

1.1　Protel 99 SE 简介

1.1.1　Protel 99 SE 的组成

　　Protel 99 SE 是 Protel 公司推出的运行于 Window 9x/2000/XP 等操作系统的电路设计软件，它建立在 Protel 独特的设计管理器（Design Explorer）基础上。Protel 99 SE 由原理图设计系统、印制电路板设计系统、电路信号仿真和可编程逻辑器件设计系统组

成。其中,原理图设计系统和印制电路板设计系统是 Protel 99 SE 两大主要组成部分。

1. 原理图设计系统

原理图设计系统包括电路图编辑器(简称 SCH 编辑器)、电路图元件编辑器(简称 SchLib 编辑器)和各种文本编辑器。该系统的主要功能是绘制、修改和编辑电路原理图,更新和修改电路原路图元件库,查看和编辑有关电路图和元件库的各种报表。

电路原理图是表示电气产品或电路工作原理的技术文件,它由代表各种电子器件的图形符号、线路、节点等元素组成。Protel 99 SE 的原理图设计系统是一个易于使用的具有大量元件库的原理图编辑器,主要用于原理图的设计,并为印制电路板设计提供网络表。

Protel 99 SE 的原理图编辑器为用户提供了智能化的高速原理图编辑方法,具有强大的原理图编辑功能、层次化设计功能、设计同步器、丰富的电气规则检查功能及完善的打印输出功能,可以使用户轻松地完成设计任务。

2. 印制电路板设计系统

印制电路板设计系统包括印制电路板编辑器(简称 PCB 编辑器)、元件封装编辑器(简称 PCBLib 编辑器)和电路板组件管理器。该系统的主要功能是绘制、修改和编辑印制电路板,更新和修改元件封装,管理电路板组件,最终完成 PCB 设计文件,用于电路板的生产。

印制电路板设计系统可以进行多达 32 层信号层、16 层内部电源以及接地层的布线设计,其交互式的元件布置工具的使用大大减少了印制电路板设计时间;同时,它还包含具有专业水准的 PCB 信号完整性分析工具、功能强大的打印管理系统和先进的 PCB 三维视图预览工具。

电路设计的最终目的是设计出电子产品,而电子产品的物理结构是通过印制电路板实现的。Protel 99 SE 为设计者提供了一个完整的电路板设计环境,具有非常专业的交互式元件布局布线功能,用于印制电路板设计,最终产生 PCB 文件。

1.1.2 Protel 99 SE 的运行环境

1. 硬件环境

CPU:Pentium Ⅱ 400MHz 及以上 PC;内存:64MB 以上;硬盘:400MB 以上空闲空间;显卡:支持 $800 \times 600 \times 16$ 色以上的显示;显示器:15 英寸以上,分辨率 800×600 像素以上。

2. 软件环境

要求运行在 Windows 98/2000/NT/XP 等操作系统中。

以上是运行 Protel 99 SE 的最低配置。由于系统在运行过程中要进行大量的运算和存储,所以对机器的性能要求比较高。配置越高,越能充分发挥其优点。

1.2 Protel 99 SE 的操作环境及特点

1.2.1 Protel 99 SE 专题数据库管理环境

Protel 99 SE 具有专题数据库管理环境,不同于以前的 Protel for DOS 及 Protel for Windows 版本,这些版本的 Protel 对设计文档没有统一的管理机制。例如,原理图文件的编辑管理和印制电路板的编辑管理相互独立,各自用相应的应用软件来处理,使得用户常常不得不在几个应用程序之间频繁切换,带来极大的不便。Protel 99 SE 采用专题数据库管理方式,使某一项目中的所有设计文档都放在单一数据库中,给设计和管理带来了许多方便,并具有强大的打印管理系统、先进的三维 PCB 视图功能以及高级 CAM 管理功能。

1.2.2 Protel 99 SE 原理图设计环境

Protel 99 SE 的原理图编辑器为用户提供了高效、便捷的原理图编辑环境,它能产生高质量的原理图输出结果,并为印制电路板设计提供网络表。该编辑器除了提供强大的原理图编辑功能外,还包含数量巨大的原理图元件、自动化程度极高的画线工具、设计同步器,具有丰富的电气规则检查功能、层次电路设计功能及强大而完善的打印输出功能,使用户的设计工作非常方便、快捷。Protel 99 SE 的原理图设计环境特点归纳如下。

1. 方便、灵活的元件及元件库组织编辑功能

Protel 99 SE 提供了丰富的原理图元件库,元件库包含的元件覆盖众多电子元件厂家的产品,同时提供功能强大的元件编辑器。设计者即使不能从元件库中找到所需的元件,也可以通过元件编辑器创建元件库。Protel 99 SE 允许设计者自由地在各库之间移动并复制元件,以便按照自己的要求合理地组织库的结构,便于利用元件库。

Protel 99 SE 提供了强大的元件库查询功能,使设计者通过名称或者属性快速查找元件。

2. 功能强大的原理图编辑功能

Protel 99 SE 的原理图编辑器具有强大的编辑功能。它采用标准的 Windows 图形化操作方式进行编辑操作,使得整个编辑过程直观、方便且快捷。设计者既可以实现拖动、剪切、复制、粘贴等普通的编辑功能,也可以在设计对象上双击鼠标左键,在弹出的对话框中完成相关属性的编辑修改工作。

3. 使用方便的连线工具

Protel 99 SE 的电气栅格具有自动连接特性,使原理图的连接工作变得非常容易。

当设计者为原理图连线时,被激活的电气"热点"将引导鼠标光标至以电气栅格为单位的最近的有效连接点上,实现元件间的自动连接。这样,设计者就可以在一个较大的范围内完成连线,使得手工绘图更加方便。

4. 层次电路的设计功能

Protel 99 SE 提供层次电路的设计方法,即将整个电路系统分为多个模块,并依照层次关系将模块组织起来,最终完成系统电路的设计。具体有两种方式,即自上而下和自下而上。按照层次原理图的设计方法,在一个设计项目中可以包含多张原理图,其数目没有限制,对设计层次的深度也没有限制,设计者可以同时编辑多张原理图,各原理图之间的切换也非常方便。

5. 电气规则检查功能

Protel 99 SE 的电气规则检查(ERC)功能可以对原理图设计进行快速检查。原理图为印制电路板的制作提供网络表,因此在开始印制电路板布线之前确保原理图的设计准确无误是非常重要的。电气规则检查可以按用户指定的物理/逻辑特性进行检验。若未接的电源、空出的管脚等的电气特性与实际连接的电气特性不符,将被标出,引导设计者进行修改。

6. 与印制电路板紧密连接

在 Protel 99 SE 的设计过程中,需要生成网络表文件。网络表是原理图设计系统和印制电路板设计系统之间的桥梁,它以文本字符的形式描述电路中的各个元件及其连接关系。在 Protel 99 SE 中,既可采用传统的生成网络表文件方式,将原理图和印制板图联系起来;也可利用同步器联系原理图与印制板。设计者只要按下"设计同步器"按钮,就可以将原理图的信息传送到印制电路板,不必再处理网络表文件的输入和输出。

7. 完善的输出功能

Protel 99 SE 原理图编辑器具有完善的输出功能。它全面支持 Windows 的标准字体,支持所有打印机和绘图仪的 Windows 驱动程序。原理图可以任意缩放地打印输出,并获得精细的具有专业水准的效果。

1.2.3 Protel 99 SE 印制电路板设计环境

Protel 99 SE 的 PCB 编辑器提供了功能强大的印制电路板设计环境,其专业的交互式自动布线器基于人工智能技术,可以对 PCB 进行优化设计,所采用的布线算法可同时用于全部信号层的自动布线及优化,以便快速完成电路板设计。

在 PCB 编辑器中,通过设置设计规则,可以有效地控制印制电路板的设计过程。因为具备在线设计规则检查功能,可以最大限度地避免失误。对于某些特别复杂或有特殊要求的自动布线器难以自动完成的布线工作,设计者可以选择手工布线。

1. 丰富的设计规则

设计规则是驱动电路板设计的灵魂。运用好设计规则,既可使设计者通过单击鼠标完成设计,也可使设计者自定义的规则满足特定的需要。Protel 99 SE 提供了丰富的设计规则,其强大的规则驱动设计特性将协助设计者很好地解决像网络阻抗、布线间距、走线宽度等因素引起的问题。

2. 丰富的封装元件库及简便的元件库编辑和组织操作

Protel 99 SE 的封装元件库提供了数量庞大的 PCB 元件,使设计者可以从中找到绝大多数所需的封装元件,也可通过 Protel 99 SE 提供的 PCB 元件编辑器创建新的封装元件库。PCB 元件编辑器包含用于编辑元件或组织元件库的工具,以便设计者创建、组织自定义封装元件库。

3. 易用的编辑环境

Protel 99 SE 的 PCB 编辑器采用图形化编辑技术,使印制电路板的编辑工作方便、直观,其内容丰富的菜单、方便快捷的工具栏及快捷键操作提供了多种操作手段,既有利于初学者学习、使用,又便于熟练者加快操作速度。图形化的编辑技术使设计者能直接用鼠标拖动元件对象来改变其位置;双击任一对象,可以编辑其属性。

4. 智能化交互式手工布线

Protel 99 SE 手工布线具有交互式连线选择功能,支持在布线过程中动态改变走线宽度及过孔参数。同时,Protel 99 SE 的电气栅格将线路引至电气"热点"的中心,方便在电路板对象间连线。此外,Protel 99 SE 的自动回路删除功能可以自动地、智能化地删除冗余的电路线段,推线功能使得在布新线时将阻碍走线的旧线自动移开。这些功能简化了布线过程中的重画和删除操作,提高了手工布线的工作效率。

5. 智能化的自动布线功能

Protel 99 SE 的自动布线器可实现电路板布线自动化,它基于人工智能技术,可对印制电路板进行优化设计。设计者只需简单地设置,自动布线器就能分析用户设计,选择最佳布线策略,在最短的时间内完成布线工作。

6. 可靠的设计校验

Protel 99 SE 的设计规则检查器(DRC)能够按照设计者指定的设计规则对电路板进行设计规则检查。在自动布局元件或自动布线时,系统自动按设计规则放置元件或布线,所以不会违反规则;在手工布线或移动元件时,按照设计规则即时检查。此外,设计者可以对已完成或部分完成的电路进行规则检查,系统生成全面检查报告。Protel 99 SE 的设计校验功能使电路板的可靠性得到保证。

1.3　任务 1——Protel 99 SE 的安装及卸载

1. Protel 99 SE 的安装

步骤 1：将 Protel 99 SE 软件光盘插入计算机光盘驱动器。

步骤 2：放入 Protel 99 SE 软件光盘后，系统激活自动执行文件，弹出如图 1-1 所示欢迎信息。如果光驱没有自动执行功能，在 Windows 环境中打开光盘，运行其中的 setup. exe 文件进行安装。

步骤 3：单击 Next 按钮，弹出用户注册对话框，提示输入序列号及用户信息，如图 1-2 所示。正确输入供应商提供的序列号后单击 Next 按钮，进入下一步。

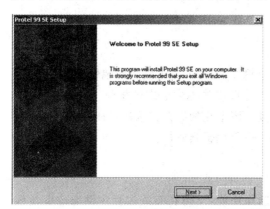
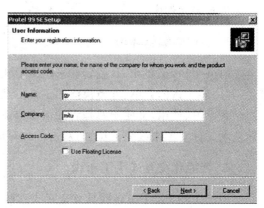

图 1-1　安装软件的欢迎信息　　　　　　　　图 1-2　输入序列号

步骤 4：单击 Next 按钮后，屏幕提示选择安装路径，一般不作修改。再次单击 Next 按钮，然后选择安装模式，一般选择典型安装（Typical）模式。继续单击 Next 按钮，屏幕提示指定存放图标文件的程序组位置，如图 1-3 所示。

步骤 5：设置程序组后，单击 Next 按钮，系统开始复制文件，如图 1-4 所示。

步骤 6：系统安装结束，屏幕提示安装完毕。单击 Finish 按钮结束安装，系统在桌面产生 Protel 99 SE 的快捷方式。

2. Protel 99 SE 补丁软件的安装

Protel 公司相继发布了一些补丁软件，目前较新的补丁软件版本为 Protel 99 SE Service Pack 6。

步骤 1：可以到公司网站免费下载补丁软件，网址为 http://www. Protel. com/resources/downloads/index. html。从中选择 Protel 99 SE SP6。

步骤 2：执行该补丁（Protel 99 SE servicepack6. exe），弹出版权说明，单击"I accept the terms of the License Agreement and wish to CONTINUE"按钮，弹出安装路径设置对话框。单击 Next 按钮，软件自动安装。

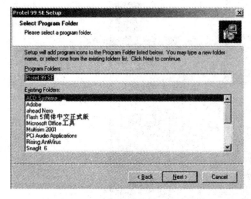

图 1-3　指定程序组

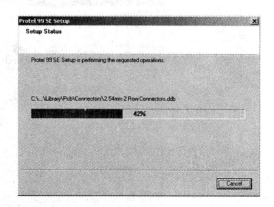

图 1-4　复制文件

3. Protel 99 SE 的卸载

卸载 Protel 99 SE 的步骤如下所述。

步骤 1：在 Windows 的"开始"菜单中选择"设置/控制面板"，然后在控制面板中选择"添加或删除程序"选项，弹出如图 1-5 所示对话框。

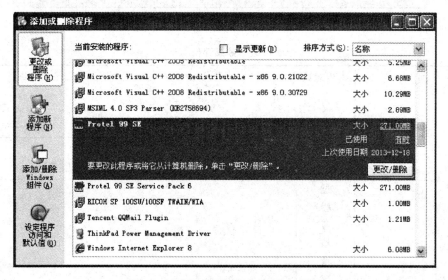

图 1-5　"添加或删除程序"属性对话框

步骤 2：在该对话框中，单击"更改/删除"按钮，弹出如图 1-6 所示对话框。

其中，选择 Modify，将自动修复破坏的 Protel 99 SE 系统的功能；选择 Repair，将重新安装 Protel 99 SE；选择 Remove，将卸载 Protel 99 SE。

步骤 3：选择 Remove 单选按钮后单击 Next 按钮，弹出如图 1-7 所示对话框。

步骤 4：单击"确定"按钮，开始卸载。在卸载过程中，若需终止，单击"取消"按钮。

步骤 5：卸载完毕，单击 Finish 按钮。

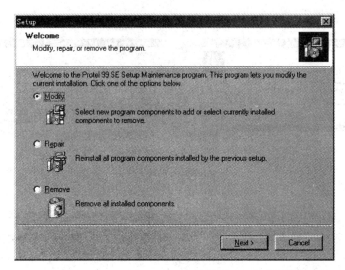

图 1-6 Setup 对话框

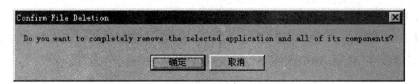

图 1-7 确认对话框

教学效果评价

教学效果评价	学生评教	学生对该课的评语：		
		整体感觉		
		很满意□ 满意□ 一般□ 不满意□ 很差□		
	教师评学	过程考核情况		
		结果考核情况		
		评价等级		
		优□ 良□ 中□ 及格□ 不及格□		

1.4 任务2——实践 Protel 99 SE 基本操作

1.4.1 Protel 99 SE 设计数据库文件的建立

要创建新的数据库文件,先通过以下方法启动 Protel 99 SE。

步骤1:在桌面双击 Protel 99 SE 的快捷方式图标 [Protel 99 SE]。

步骤2:在程序组中启动。执行"开始"→"程序"→Protel 99 SE 菜单命令,进入 Protel 99 SE。

步骤3:通过"开始"菜单启动。执行"开始"→Protel 99 SE,进入 Protel 99 SE。

步骤4:启动 Protel 99 SE 后,屏幕出现启动画面;几秒钟后,系统进入 Protel 99 SE 主窗口,如图1-8所示。

步骤5:执行 File→New 菜单命令,建立一个新的设计数据库,弹出如图1-9所示的新建文件对话框。在 Database File Name 框中输入新的数据库文件名,系统默认为 MyDesign.ddb。单击 Browse 按钮,修改文件的保存位置;单击 Password 选项卡,设置密码。可以进行以下设置。

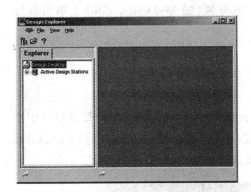

图1-8 Protel 99 SE 主窗口

图1-9 创建新的设计数据库文件

(1)输入新的数据库文件名,系统给出的默认名为 MyDesign.ddb。注意,更改文件名时不要删除数据库文件扩展名.ddb。

(2)单击 Browse 按钮,选择设计数据库文件的保存路径。

(3)单击 Password 按钮,弹出密码设置对话框,如图1-10所示,设置数据库文件密码。

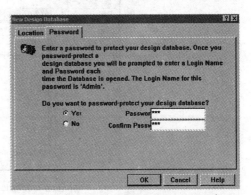

图1-10 设置密码

1.4.2 Protel 99 SE 设计数据库文件的打开和关闭

1. 数据库文件的打开

打开已经存在的设计数据库，操作步骤如下所述。

步骤1：在 Protel 99 SE 设计环境下，执行 File→Open 菜单命令，或单击主工具栏的按钮。对于最近打开过的设计数据库文件，可以在 File 菜单项下面的文件名列表中直接单击文件名。

步骤2：执行命令后，弹出打开设计数据库的对话框，如图 1-11 所示。利用查找范围下拉列表确定设计数据库所在的路径，然后在文件列表框选取要打开的文件名称，最后单击"打开"按钮。

2. 数据库文件的关闭

第一种方法：执行 File → Close Design菜单命令，关闭当前打开的设计数据库文件。

图 1-11　打开设计数据库

第二种方法：在工作窗口的设计数据库文件名标签（如 MyDesign. ddb）上单击鼠标右键，在弹出的快捷菜单中选择 Close。

1.4.3 Protel 99 SE 设计数据库文件界面介绍

新建设计数据库后，如果没有进入具体的设计操作界面，在 Protel 99 SE 主窗口中主要进行各种文件命令操作、设置视图的显示方式和进行编辑操作等，它包括 File、Edit、View、Window 和 Help 5 个下拉菜单。数据库管理器主窗口如图 1-12 所示。

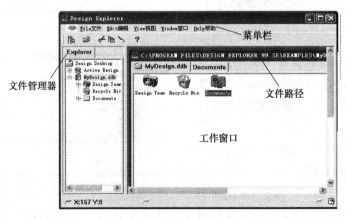

图 1-12　数据库管理器主窗口

1. 菜单栏

菜单栏包括 File、Edit、View、Window 和 Help 5 个下拉菜单。

（1）File 菜单：主要用于文件管理，包括文件或设计数据库的新建、打开、关闭和保存；文件的导入、导出、链接、查找和查看属性等。其菜单命令如图 1-13 所示。

① New：新建空白文件。选取此菜单后，将显示"新建文件"对话框，如图 1-14 所示。在此选择所需建立的文件类型，每个图标对应不同的文件类型，具体分类如图 1-15 所示。然后，单击 OK 按钮。

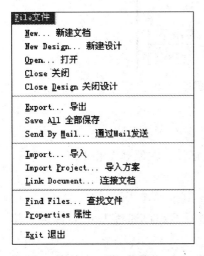

图 1-13　File 菜单

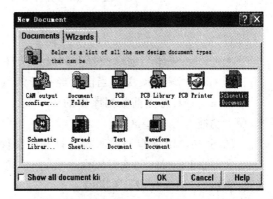

图 1-14　New Document（新建文件）对话框

图标	文件类型	图标	文件类型
CAM output configurat...	生成CAM制作输出配置文件	Schematic Document	原理图文件
Document Folder	文件夹	Schematic Library ...	原理图库文件
PCB Document	PCB文件	Spread Sheet D...	表格文件
PCB Library Document	PCB元件封装库文件	Text Document	文本文件
PCB Printer	PCB打印文件	Waveform Document	波形文件

图 1-15　"文件类型"对话框

② New Design：新建数据库。在此设计库中，统一管理所有的设计文件。该命令与用户没有创建数据库时 New 命令的执行过程一致。

③ Open：打开已存在的设计库，如图 1-16 所示。

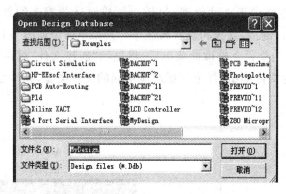

图 1-16　打开已存在的设计数据库

④ Close：关闭当前已经打开的设计文件。

⑤ Close Design：关闭当前已经打开的数据库。

⑥ Export：将当前数据库中的一个文件输出到其他路径。在原理图和 PCB 环境下，该命令功能存在一些区别。

⑦ Save All：保存当前所有已打开的文件。

⑧ Send By Mail：选择该命令后，用户可以将当前设计数据库通过 E-mail 传送到其他计算机，以便导入设计和集成。

⑨ Import：将其他文件导入当前数据库，成为当前设计数据库中的一个文件。选择此菜单后，将显示导入文件对话框，如图 1-17 所示，从中选取所需要的任何文件，将其导入当前数据库。

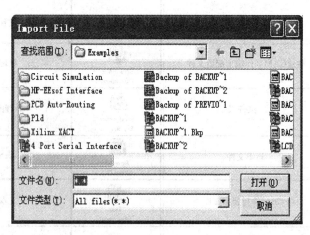

图 1-17　导入文件对话框

⑩ Import Project：执行该命令后，将已存在的设计数据库导入当前设计平台，系统弹出如图 1-17 所示对话框。

⑪ Link Document：该命令将其他类型的文件连接到当前设计库。执行该命令后，弹出如图 1-18 所示对话框，用户可以选择其他文档的快捷方式，并将其连接到本设计平台。

⑫ Find Files：选择该命令后，系统弹出如图 1-19 所示查找文件对话框，用于查找设计数据库中或硬盘上的其他文件。可以设置不同的查找方式。

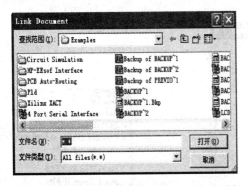

图 1-18　连接其他文件到当前设计平台对话框

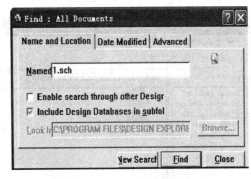

图 1-19　查找文件对话框

⑬ Properties：该命令用于管理当前设计数据库的属性。如果先选中一个文件对象，再执行该命令，系统将弹出如图 1-20 所示的文件属性对话框，用于修改或设置文件属性和说明。

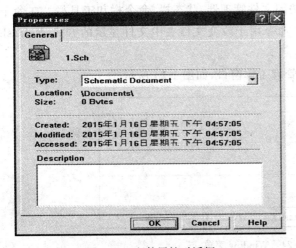

图 1-20　文件属性对话框

图 1-21　Edit 菜单

⑭ Exit：退出 Protel 99 SE 系统。

（2）Edit 菜单：主要包括对文件对象进行复制、剪切、粘贴、删除、重命名等编辑操作的命令，如图 1-21 所示。

① Cut：对选中文件或对象实现剪切操作，暂时保存于剪切板中，然后用于粘贴、复制。

② Copy：将选中文件或对象复制到剪贴板中，以便粘贴、复制该文件。

③ Paste：该命令用来实现将已保存在剪贴板中的文档复制到当前位置。

④ Paste Shortcut：该命令用来将剪贴板中的文档的快捷方式复制到当前位置。

⑤ Delete：该命令用来删除选中的文档。执行该命令，系统将弹出对话框，提示用户是否确定删除该文件。

⑥ Rename：该命令用来重命名当前选中的文档。选中的文档名可以编辑、修改，如图 1-22 所示，此时可以重新输入文件名。

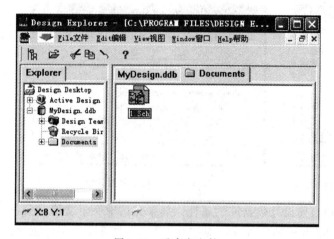

图 1-22　重命名文件

图 1-23　View 菜单

（3）View 菜单：主要用于打开和关闭文件管理器、状态栏、命令栏和工具栏。在命令前有"√"，表示已经打开。其中的 4 个命令用于改变文件夹中文件显示的方式，Refresh 为刷新命令，如图 1-23 所示。

（4）Window 菜单：这些命令用于管理工作窗口，如图 1-24 所示。

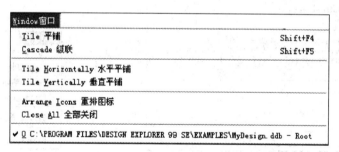

图 1-24　Window 菜单

① Tile：将打开的各个设计数据库的工作窗口以平铺方式显示。平铺方式分为 Tile Horizontally（水平平铺）和 Tile Vertically（垂直平铺）两种形式，执行相应的命令即可，效果如图 1-25 所示。

② Cascade：将打开的各个设计数据库工作窗口以层叠的方式显示。

③ Arrange Icons：当设计数据库最小化时，执行该命令后，可使最小化图标在工作窗口底部有序排列。

④ Close All：执行该命令，关闭所有的设计数据库文件。

（5）Help 菜单：用于打开帮助文件。

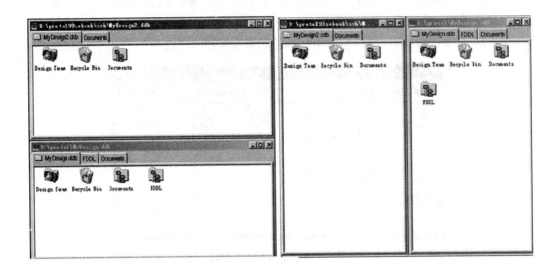

(a) 水平平铺显示   (b) 垂直平铺显示

图 1-25   平铺方式

2. 工具栏

没有打开任何应用文件时,工具栏提供的工具按钮仅有 6 个,如图 1-26 所示。

3. 文件管理器

如图 1-27 所示,文件管理器不仅显示设计数据库中的所有文件夹和文件,还将这些文件之间的关系以树形方式表示出来。单击文件管理器中的某个文件,可以打开该文件,并将其内容在工作窗口中显示出来。

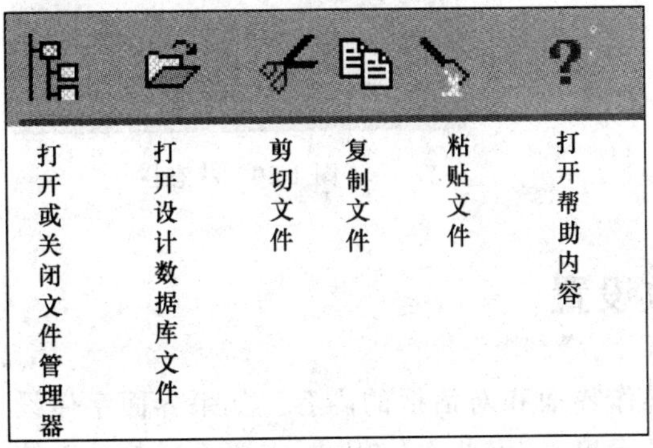

图 1-26   工具栏

图 1-27   文件管理器

4. 工作窗口

打开设计数据库文件后,会在设计环境窗口的右边打开一个对应的工作窗口,进行文

件操作或文件编辑操作。工作窗口大致分为文件类型工作窗口和编辑类型窗口。图1-28
所示为文件类型工作窗口(也称视图窗口),显示已打开的设计数据库下的文件及文件夹。
图 1-29 所示为编辑类型工作窗口,显示已经打开的某 PCB 文件内容。

图 1-28　文件类型的工作窗口

5. 状态栏

如图 1-30 所示,状态栏和命令行在左下部,用于提示当前的工作状态或正在执行的
命令。上为状态栏,下为命令行,分别表示当前光标的位置、当前正在执行的命令名称及
其状态。

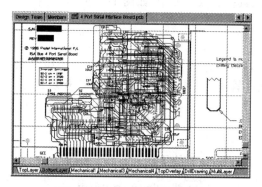

图 1-29　编辑类型的工作窗口

图 1-30　状态栏

1.4.4　Protel 99 SE 常用参数设置

设置系统参数,可以使用户清楚地了解操作界面和对话框的内容。如果界面字体设
置不合适,界面上的字符可能没有办法完全显示出来,因此在使用前,需要设置软件系统
参数。用鼠标单击图 1-12 主程序菜单中的 ▼ 按钮,弹出如图 1-31 所示的菜单选择对
话框。选择 Preferences 命令,弹出如图 1-32 所示的系统参数设置对话框。

去除图 1-32 中 Use Client Sytem Font For All Dialogs 前的选中状态,然后单击 OK
按钮。设置完毕后,对话框中将完整显示文字内容,如图 1-33 所示。

图 1-31 菜单选项对话框

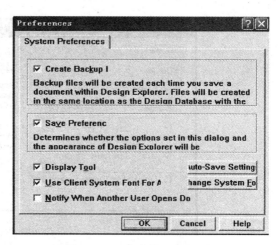

图 1-32 系统参数设置对话框

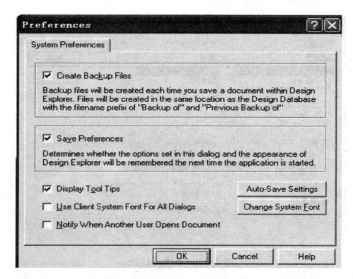

图 1-33 完整的系统参数设置对话框

1. 自动备份设置

选中 Create Backup Files 复选框,系统将自动备份文件;单击图 1-33 中的 Auto-Save Settings 按钮,弹出如图 1-34 所示对话框。其中,在 Number 框中设置文件的备份数量;在 Time Interval 框中设置自动备份的时间间隔,单位为分钟;单击 Browse 按钮,指定保存备份文件的文件夹。

2. 字体设置

单击图 1-33 中的 Change System Font 按钮,弹出如图 1-35 所示"字体"对话框,设置字体、字形、字号大小及颜色等。

如果需要保存设置的参数,选中 Save Preferences 复选框。

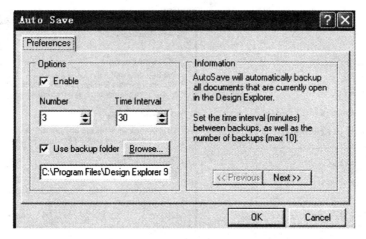

图 1-34　自动备份设置对话框

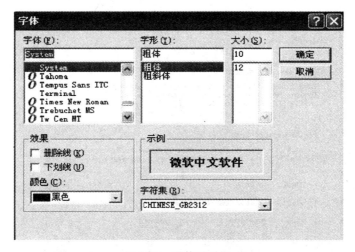

图 1-35　字体对话框

1.4.5　Protel 99 SE 常用编辑器

　　Protel 99 SE 提供了 7 种设计环境，分别是原理图编辑器（SCH）、印制电路板 PCB 编辑器、原理图库编辑器（SchLib）、印制电路元件封装库编辑器（PCBLib）、表格处理编辑器（Spread）、文字处理编辑器（Text）和 WaveForm 文件编辑器。

　　下面重点讲解常用的 4 个编辑器：原理图编辑器、原理图库编辑器、PCB 编辑器和元件封装库编辑器。

1. 原理图编辑器

　　一个完整的电路板设计必须经过原理图设计和 PCB 电路板设计两个阶段。电路板设计的第一阶段的原理图绘制就是在原理图编辑器中完成的。原理图编辑器的操作界面如图 1-36 所示。

原理图编辑器的主要功能是设计原理图,为 PCB 电路板设计准备网络表文件和元件封装。在原理图设计过程中,可以为每一个原理图符号指定元件封装。在原理图设计完成后,执行 Design→Create Netlist 菜单命令,可以生成网络表文件。

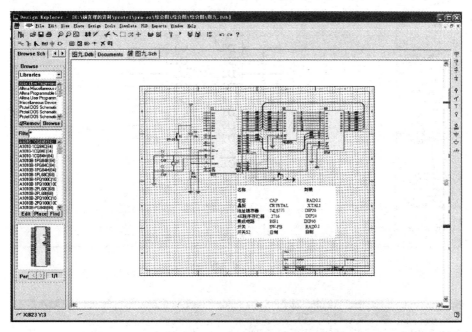

图 1-36 原理图编辑器

2. 原理图库编辑器

在绘制原理图的过程中,经常需要手工制作原理图符号。操作之前,需要创建一个原理图库文件,用来存放即将制作的原理图符号。新建一个原理图库文件或者打开已有的原理图库文件即可激活原理图库编辑器,如图 1-37 所示,其主要功能是制作和管理原理图符号。

3. PCB 编辑器

原理图绘制完成后,要将元件的封装和网络表载入 PCB 编辑器进行电路板设计。创建新的 PCB 文件夹或者打开已有的 PCB 文件即可激活 PCB 编辑器,如图 1-38 所示。

在 PCB 编辑器中将完成电路板设计的第二阶段工作,即根据原理图完成电路板设计,主要包括电路板选型、规划电路板外形、元件布局、电路板布线覆铜及设计规则检查等。

4. 元件封装库编辑器

在将元件封装和网络表载入 PCB 编辑器之前,必须确保用到的所有元件封装所在的封装库已经载入 PCB 编辑器,否则会导致元件封装和网络表载入失败。

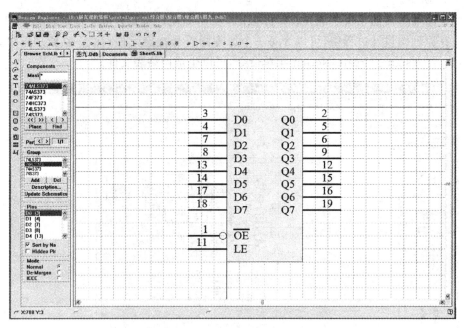

图 1-37　原理图库编辑器

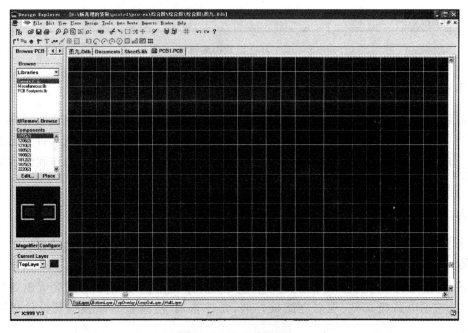

图 1-38　PCB 编辑器

如果元件的封装在系统提供的元件封装库中找不到，需要自己动手制作元件的封装。同制作原理图符号一样，操作之前，要先创建一个新的 PCB 元件封装文件，或者打开一个已经存在的元件封装库。元件封装库编辑器如图 1-39 所示。

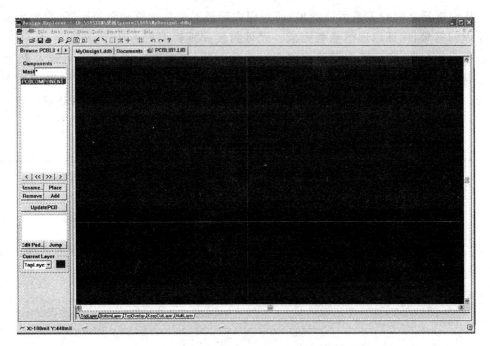

图 1-39 元件封装库编辑器

5. 常用编辑器之间的关系

原理图编辑器、原理图库编辑器、PCB 编辑器和元件封装库编辑器在整个电路板设计过程中都要用到。根据电路板设计不同阶段的要求,激活相应的编辑器来完成特定的任务。

在电路板设计的过程中,4 个常用编辑器之间的关系如图 1-40 所示。

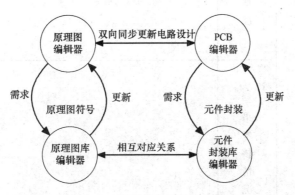

图 1-40 编辑器之间的关系图

由图 1-40 可见,原理图编辑器和 PCB 编辑器是电路板设计的两个基本工作平台,并且原理图和 PCB 电路板的更新是同步的。原理图库编辑器根据原理图设计过程的需求被激活;修改原理图符号之后,一定要存储修改结果,并更新原理图中的原理图符号。同样地,元件封装库也是在需要制作或者修改元件封装时才被激活。

从编辑器之间的关系可以看出,原理图库编辑器服务于原理图编辑器,主要用来制作原理图符号,保证原理图顺利完成。元件封装库编辑器服务于 PCB 编辑器,主要用来制作元件封装,保证所有元件都能有对应的封装,使得原理图设计顺利转入 PCB 电路板设计。原理图设计是电路板设计的准备阶段,PCB 设计是电路板设计过程的实现阶段。在整个设计过程中,元件的封装和网络表是连接原理图设计和 PCB 设计的关键纽带。

教学效果评价

教学效果评价	学生评教		学生对该课的评语:
		整体感觉	很满意□ 满意□ 一般□ 不满意□ 很差□
	教师评学	过程考核情况	
		结果考核情况	
		评价等级	优□ 良□ 中□ 及格□ 不及格□

1.5 项目训练

在项目训练中,读者需要熟悉 Protel 的工作界面,掌握设置工作环境及创建新的设计项目的方法。

本节讲解如何调用和查看 Protel 提供的原理图实例,同时举出一个创建直流稳压电路设计的项目实例,让学生熟悉 Protel 窗口和菜单的使用方法,创建自己的设计项目。

1. 查看创建的 555 定时器数据库文件

步骤 1:执行 File→Open Project 命令,弹出打开设计项目对话框,如图 1-41 所示。双击 555.ddb 文件,打开数据库文件。

步骤 2:进入数据库文件,双击其中的 555.sch,打开原理图文件,如图 1-42 所示。

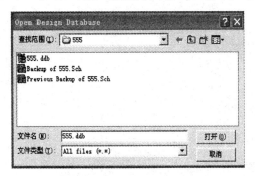

图 1-41 打开数据库文件

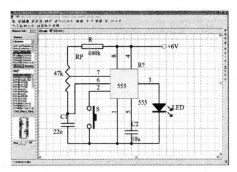

图 1-42 打开原理图文件

2. 创建直流稳压电源电路数据库文件

步骤 1:创建直流稳压电源电路设计项目,首先要创建新的数据库文件,如图 1-43 所示,命名为直流稳压电源电路.ddb,然后单击 **OK** 按钮。

步骤 2:创建 SCH 原理图文件,命名为直流稳压电源电路.sch.,如图 1-44 所示。熟悉原理图设计工作界面,为原理图设计做好准备。

图 1-43 新建数据库文件图

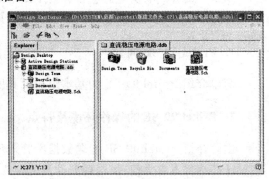

图 1-44 新建原理图文件

教学效果评价

教学效果评价	学生评教	学生对该课的评语：	
		整体感觉 很满意□　满意□　一般□　不满意□　很差□	
	教师评学	过程考核情况	
		结果考核情况	
		评价等级 优□　　良□　　中□　　及格□　　不及格□	

1.6　本章总结

本章主要介绍有关电路板设计及 Protel 99 SE 的基本知识，使学生从感官上对电路板设计及 Protel 99 SE 有初步的了解，包括以下内容。

1. Protel 99 SE 简介

简单介绍 Protel 99 SE 的基本组成及其所需的运行环境。

2. Protel 99 SE 的操作环境及特点

主要介绍 Protel 99 SE 专题数据库管理环境，对设计文档采用统一的管理机制；原理图设计环境特点有方便、灵活的元件及元件库组织编辑功能，强大的原理图编辑功能，使用方便的连线工具，层次电路的设计功能，电气规则检查功能，与印制电路板紧密连接、完善的输出功能；印制电路板设计环境的特点是有丰富的设计规则、封装元件库，简便的元件库编辑和组织操作，易用的编辑环境，智能化的自动布线功能及可靠的设计校验。

3. Protel 99 SE 的安装及卸载

介绍 Protel 99 SE 的安装及卸载过程。

4. Protel 99 SE 基本操作

主要介绍数据库文件的建立、打开，常用菜单的使用，基本参数设置，常用编辑器的使用以及各个编辑器之间的关系。最后通过项目训练对基本内容进行巩固训练。

习题

1. Protel 99 SE 有哪些特点？
2. Protel 99 SE 有哪几个功能模块？
3. 熟悉 Protel 99 SE 的安装过程。

第2章

电路原理图的设计

教学导入

电路原理图的设计是整个电路设计的基础,它决定了后续工作的进展,为印制电路板的设计提供元件、连线依据。只有设计出正确的原理图,才可能完成具备指定功能的PCB。一般来说,设计电路原理图的工作包括设置电路图纸的大小,规划电路图的总体布局,在图纸上放置元件,布局布线,调整元件及布线,最后保存。

2.1 项目描述

本项目的主要内容是通过直流稳压电源电路原理图和肺活量检测电路设计项目,掌握电路原理图设计的基础知识和设计过程中相关参数设置、元件库管理、元件编辑、电源和接地端口放置、网络标号使用、元件属性设置、电路输入/输出端口放置等技能。

2.2 项目剖析

2.2.1 任务1——直流稳压电源电路原理图的制作

1. 任务描述

本任务要求设计直流稳压电源的电路原理图,如图2-1所示。

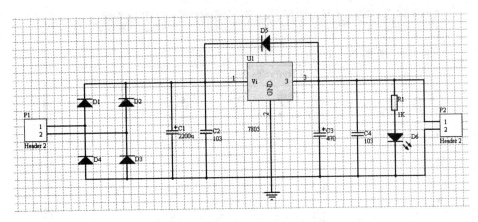

图 2-1　直流稳压电源电路原理图

2. 任务实施

1) 新建项目数据库文件

步骤 1:进入 Protel 99 SE,新建项目数据库文件。如果在此之前用户没有打开任何设计数据库,选择主菜单区的 File→New 选项。如果在此之前打开了一个或多个设计数据库,则选择主菜单区的 File→New Design 选项,然后单击鼠标或按回车键。在弹出的对话框中,填写将要建立的数据库信息(如图 2-2 所示)。在 Datebase File Name 栏填写数据库文件名,单击 Browse 按钮,选择文件保存路径。

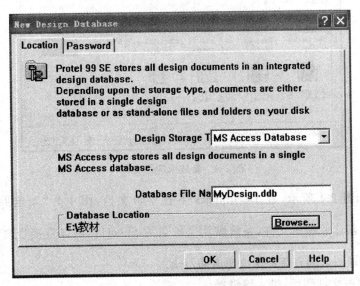

图 2-2　新建设计数据库窗口

按照上述步骤操作,将弹出如图 2-3 所示的窗口。

步骤 2:进入图 2-3 所示界面后,双击 Documents 选项卡,定义新文件夹,并确定文件存放位置,然后执行 File→New 菜单命令,弹出 New Document 对话框。

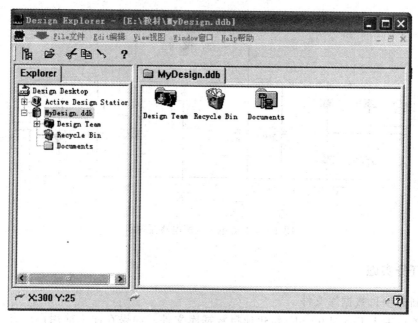

图 2-3　项目管理器窗口

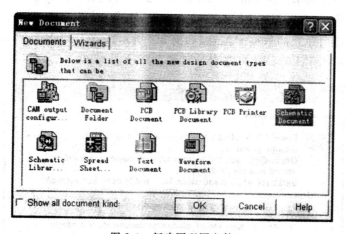

图 2-4　新建原理图文件

步骤3：如图 2-4 所示，在 Documents 下建立新文档，图中为"新建原理图"，即双击 图标，新建原理图文件，系统默认文件名为 Sheet1。可以直接修改文件名，如本任务中设计原理图名为直流稳压电源电路.sch。

步骤4：双击文件图标，进入编辑器。

2) 图纸尺寸的设置

本任务中，设置图纸大小为 A4，水平放置。

步骤1：执行 Design→Options 菜单命令，设置图纸尺寸，系统将弹出 Document Options对话框，如图 2-5 所示。图纸的大小与形状在 Sheet Options 选项卡中设置。

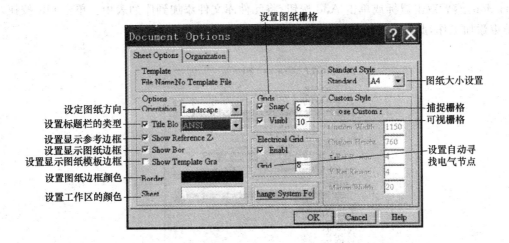

图 2-5　Sheet Options 选项卡

在 Document Options 对话框的 Standard Style 区域中设置图纸尺寸，如图 2-6 所示。

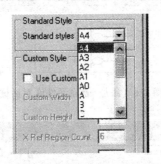

图 2-6　图纸尺寸设置栏

步骤 2：执行 Design→Options 菜单命令，在 Document Options 对话框中选择 Sheet Options 选项卡，且在 Options 操作框的 Orientation（方位）下拉列表框中选取图纸方向。通常情况下，在绘图及显示时设为横向，如图 2-7 所示。

图 2-7　设置图纸方向

3）元件库的设置

在放置元件之前，必须先载入元件所在的元件库。装载元件库的步骤如下所述。

步骤 1：打开设计管理器，选择 Browse Sch 选项卡，然后单击 Add/Remove 按钮添加元件库，弹出如图 2-8 所示对话框。

步骤 2：在 Design Explorer 99 SE\Library\Sch 文件夹下选中元件库文件，如图 2-9

所示。选择元件库为 Miscellaneous Devices. ddb 和 Protel DOS Schematic Librar-ies. ddb，然后双击鼠标或单击 Add 按钮，将元件库文件添加到库列表中。单击 OK 按钮，结束添加工作，此时元件库的详细信息将显示在设计管理器中。

图 2-8 添加/删除元件库对话框

图 2-9 添加/删除元件库

4）放置元件

放置元件有 4 种方法,本任务练习通过菜单放置元件。

步骤 1:执行 Place→Part 菜单命令,弹出如图 2-10 所示的放置元件对话框。

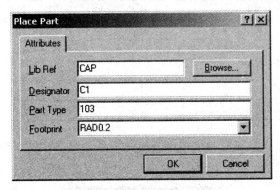

图 2-10　放置元件对话框

步骤 2:图中,Lib Ref(元件名称)指元件符号在元件库中的名称,如电容符号在元件库中的名称是 CAP,在放置元件时必须输入,但不会在原理图中显示出来。Designator(元件标号)是元件在原理图中的序号,如 C1。Part Type 是元件标注或类别,如 10k、0.1μ、MC4558 等。Footprint(元件的封装形式)是元件的外形名称。一个元件可以有不同的外形,即有多种封装形式。元件的封装形式主要用于印制电路板图。这一属性值在原理图中不显示。

步骤 3:所有内容输入完毕,单击 OK 按钮确认,如图 2-11 所示。

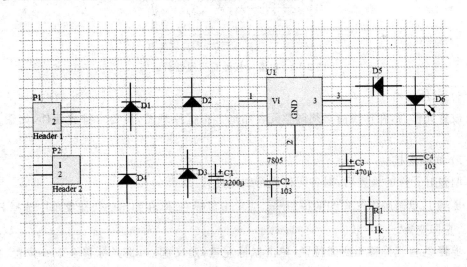

图 2-11　放置了元件的电路图

表 2-1 列出了图 2-11 所示电路原理图中各元件的属性,根据此表放置元件。

5）电源与接地符号

步骤 1:执行 Place→Power Port 菜单命令,放置电源符号。按 Tab 键,弹出如图 2-12所示对话框。

表 2-1　直流电源电路原理图元件列表

Lib Ref	Designator	Part Type	Footprint
CAP	C2、C4	103	RAD0.2
Cap Po12	C1	2200μ	POLAR0.8
Cap Po12	C3	470μ	POLAR0.8
Diode	D1、D2、D3、D4、D5		RB.2/.4
Res2	R1	1k	AXIAL 0.4
LED0	D6		DIODE0.4
7805	U1		TO-126

步骤 2：在 Net 栏设置电源和接地符号的网络名。通常，电源符号设为 VCC，接地符号设为 GND。

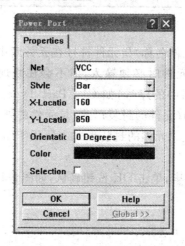

图 2-12　电源与接地符号属性对话框

6）元件布局

放置元件后，在连线前必须调整元件布局。根据原理图，按要求排放元件，如图 2-13 所示。

7）线路连接

调整好元件的位置后，对各元件进行线路连接。

步骤 1：单击画电气连线的按钮 ≈，或单击鼠标右键，在弹出的快捷菜单中选择 Place Wire，光标变为"十"字状。

步骤 2：将光标移至所需位置，单击鼠标左键，定义起点；将光标移至下一位置，再次单击鼠标左键，定义第二个点的位置，以此类推。若画线结束，双击鼠标右键确认，如图 2-14所示。

8）项目存盘与退出

步骤 1：执行 File→Save 菜单命令，或单击主工具栏上的图标 ，系统自动按原文件名保存，同时覆盖原文件。如果不希望覆盖原文件，应另起新文件名，可单击菜单 File→

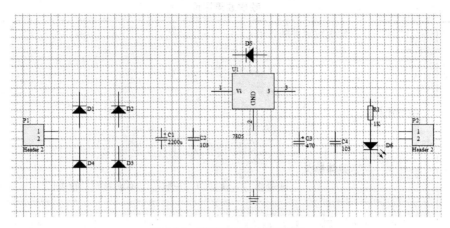

图 2-13 直流稳压电源布局图

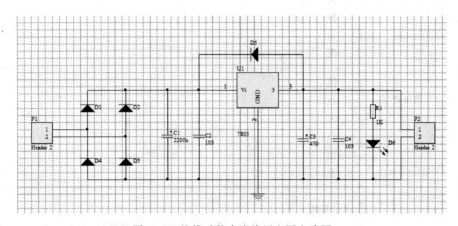

图 2-14 连线后的直流稳压电源电路图

Save As 选项,然后在对话框中输入新文件名。

步骤 2:若要退出原理图的编辑状态,单击 File→Close 选项,或用鼠标右键单击原理图文件名,在弹出的快捷菜单中选择 Close。

上交作品

将作品的打印件粘贴在以下位置。

教学效果评价

教学效果评价	学生评教	学生对该课的评语：	
		整体感觉 很满意□　满意□　一般□　不满意□　很差□	
	教师评学	过程考核情况	
		结果考核情况	
		评价等级 优□　良□　中□　及格□　不及格□	

2.2.2　任务2——肺活量检测电路原理图的制作

1. 任务描述

本任务要求设计肺活量检测电路的原理图,如图2-15所示。

2. 任务实施

1) 新建项目数据库文件

步骤1:进入Protel 99 SE,新建项目数据库文件。选择主菜单区的File→New选项,在弹出的对话框中填写将要建立的数据库信息(如图2-2所示),在Database File Name栏填写数据库的文件名,然后单击Browse按钮,选择文件保存路径。

步骤2:进入图2-3所示的界面后,双击Documents选项,定义新文件夹,并确定文件存放位置,然后执行File→New菜单命令,弹出New Document对话框,如图2-4所示。

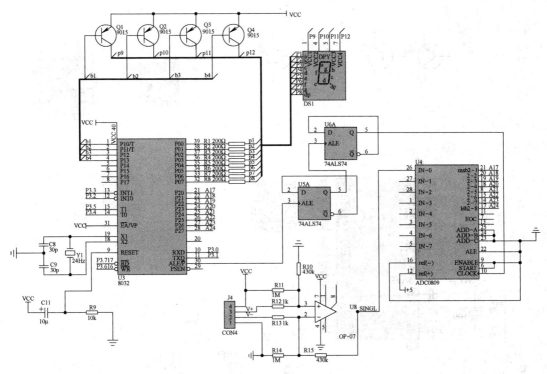

图 2-15　肺活量检测电路原理图

步骤 3：在 Documents 下建立新文档，图中为"新建原理图"，即双击 图标，新建
原理图文件，系统默认文件名为 Sheet1。可以直接修改文件名，取名为肺活量检测电
路.sch。

步骤 4：双击文件图标，绘制原理图界面。

2）图纸尺寸的设置

步骤 1：设置图纸尺寸。

执行 Design→Options 菜单命令，设置图纸尺寸，系统将弹出 Document Options 对
话框，如图 2-6 所示。图纸的大小与形状在 Sheet Options 选项卡中设置。在 Document
Options 对话框的 Standard Style 区域中设置图纸尺寸。本任务中，图纸为 A4 大小。

步骤 2：设置图纸方向。

执行 Design→Options 菜单命令，在 Document Options 对话框选择 Sheet Options
选项卡，在 Options 操作框的 Orientation（方位）下拉列表框中选取图纸方向。本任务中，
图纸为横向。

3）绘制第一张电路原理图

在放置元件之前，必须将元件所在的元件库载入，前面已讲过如何加载，加载后无须
重复操作。

步骤 1：放置元件。

放置了元件的电路图如图 2-16 所示。

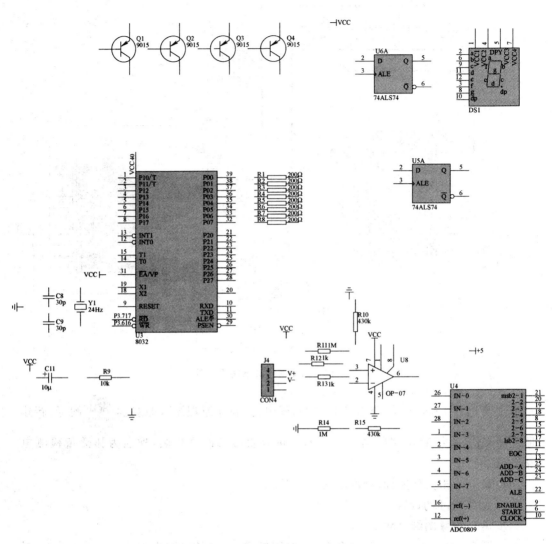

图 2-16　放置了元件的电路图

表 2-2 列出了图 2-16 所示原理图中的各元件及其相关参数。根据此表放置元件。

表 2-2　肺活量检测电路原理图元件列表

Lib Ref	Designator	Part Type	Footprint
DPY_7-SEG_DP	DS1		7SEGMENT
RES2	R14	1M	RAD0.1
RES2	R11	1M	RAD0.1
RES2	R13	1k	RAD0.1
RES2	R12	1k	RAD0.1

Lib Ref	Designator	Part Type	Footprint
RES2	R9	10k	AXIAL0.4
CAPACITOR POL	C11	10μ	RB0.1/0.4
CRYSTAL	Y1	24Hz	RAD0.2
CAP	C9	30p	RAD0.1
CAP	C8	30p	RAD0.1
74LS74	U6A	74ALS74	DIP-14
74LS74	U5A	74ALS74	DIP-14
RES2	R5	200	AXIAL0.3
RES2	R6	200	AXIAL0.3
RES2	R4	200	AXIAL0.3
RES2	R3	200	AXIAL0.3
RES2	R2	200	AXIAL0.3
RES2	R1	200	AXIAL0.3
RES2	R8	200	AXIAL0.3
RES2	R7	200	AXIAL0.3
RES2	R10	430k	RAD0.1
RES2	R15	430k	RAD0.1
8031	U3	8032	DIP40
PNP	Q3	9015	TO-92A
PNP	Q2	9015	TO-92A
PNP	Q1	9015	TO-92A
PNP	Q4	9015	TO-92A
ADC0808	U4	ADC0809	DIP-28
CON4	J4	CON4	SIP4
OP-07	U8	OP-07	DIP8

步骤2：元件布局。

完成元件布局的直流稳压电源电路图如图2-17所示。

步骤3：线路连接、放置总线与网络标号，最后得到的电路原理图如图2-15所示。

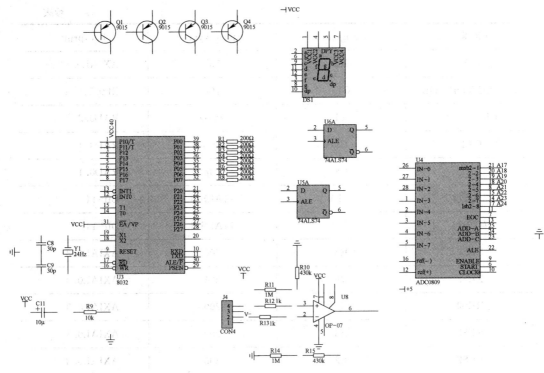

图 2-17　直流稳压电源电路布局图

4）存盘与退出

保存文件后选择 Close 退出。

☞ **上交作品**

将作品的打印件粘贴在以下位置。

教学效果评价

教学效果评价	学生评教	学生对该课的评语：	
		整体感觉 很满意□ 满意□ 一般□ 不满意□ 很差□	
	教师评学	过程考核情况	
		结果考核情况	
		评价等级 优□ 良□ 中□ 及格□ 不及格□	

2.3 绘制电路原理图

2.3.1 放置元件

1. 通过元件库浏览器放置元件

装入元件库后，在元件库浏览器中可以看到元件库、元件列表及元件外观，如图 2-18 所示。选中所需元件库，其中的元件将出现在元件列表中。双击元件名称（如 CAP）或单击元件名称后再单击 Place 按钮，元件以虚线框的形式粘在光标上，按 Tab 键，弹出如图 2-19 所示元件属性对话框，修改元件的属性。设置完毕，将元件移到合适位置，再次单击鼠标左键，放置元件。单击鼠标右键，退出放置状态。

元件放置好后,双击元件可以修改属性,弹出如图 2-19 所示对话框,设置元件的标号(Designator)、封装形式(Footprint)及标称值或型号(Part Type)等。

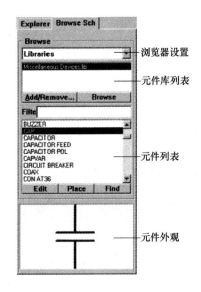

图 2-18 元件库及元件列表

图 2-19 元件属性对话框

例如,放置电容(CAP)的过程如图 2-20 所示。

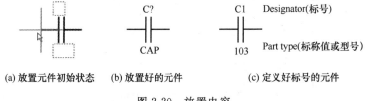

(a) 放置元件初始状态　(b) 放置好的元件　　(c) 定义好标号的元件

图 2-20 放置电容

2. 通过菜单放置元件

执行 Place→Part 菜单命令,弹出如图 2-21 所示的放置元件对话框。其中,在 Lib Ref 框输入需要放置的元件名称,如 CAP,单击 Browse 按钮浏览元件;在 Designator 框输入元件标号,如 C1;在 Part Type 栏输入标称值或元件型号,如 103;Footprint 框用于设置元件的封装形式,如 RAD0.2。所有内容输入完毕,单击 OK 按钮确认。此时元件出现在光标处,单击左键放置。

2.3.2　放置电源和接地符号

执行 Place→Power Port 菜单命令,放置电源符号。按 Tab 键,弹出如图 2-22 所示对话框,主要参数说明如下。

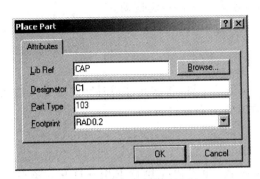

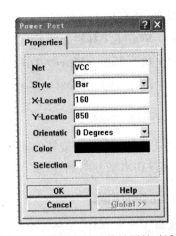

图 2-21　放置元件对话框　　　　图 2-22　电源与接地符号属性对话框

（1）Net：设置电源和接地符号的网络名。通常，将电源符号设为 VCC，接地符号设为 GND。

（2）Style 下拉列表框：包括 4 种电源符号和 3 种接地符号，使用时根据实际情况选择一种接入电路。

注意：*由于在放置符号时，初始出现的是电源符号 VCC，若要放置接地符号，除了在 Style 下拉列表框中选择符号图形外，必须在 Net（网络名）栏将"VCC"修改为"GND"。*

2.3.3　元件布局

放置元件后，在连线前必须调整元件布局。

1. 元件的选中与取消选中

对元件进行布局操作前，首先要选中元件，方法有以下几种。

（1）执行 Edit→Select 菜单命令。

（2）执行 Edit→Toggle Selection 菜单命令。

（3）利用工具栏按钮。单击主工具栏上的▦按钮，然后框选元件。

（4）直接用鼠标点取。

一般情况下，执行所需操作后，必须取消元件的选中状态，方法有以下 3 种。

（1）执行 Edit→Deselect 菜单命令。

（2）执行 Edit→Toggle Selection 菜单命令。

（3）单击主工具栏上的▨按钮，取消所有的选中状态。

2. 移动元件

常用的方法是先选中要移动的元件，按住鼠标左键不放，移动鼠标，将元件拖到要放置的位置。

此外,还有以下几种方法。

(1) 单击主工具栏上的 ✛ 按钮,移动已选取的对象。

(2) 执行 Edit→Move→Drag 菜单命令,将连线与元件一起拖动。

(3) 执行 Edit→Move→Move 菜单命令,只移动元件。

3. 元件的旋转

用鼠标左键点住要旋转的元件不放,同时按 Space 键,将该元件逆时针旋转 90°;按 X 键,将元件在水平方向翻转;按 Y 键,将元件在垂直方向翻转。

4. 元件的删除

要删除某个元件,先选中它,然后按 Delete 键;也可以先执行 Edit→Delete 菜单命令,然后用鼠标单击要删除的元件。

2.3.4　电气连接

元件的位置调整好之后,要对各元件进行线路连线。

1. 放置导线

单击画电气连线的按钮 ≋,或单击鼠标右键,在弹出的快捷菜单中选择 Place Wire。当光标变为"十"字时,表示系统处在画线状态。按 Tab 键,弹出如图 2-23 所示的导线属性对话框,用于修改连线粗细和颜色。

将光标移至所需位置,单击鼠标左键,定义起点;然后将光标移至下一位置,再次单击鼠标左键,定义第二个点位置,以此类推。若画线结束,双击鼠标右键确认。

在连线中,当光标接近管脚时,出现一个圆点,代表"电气连接"。此时单击鼠标左键,这条导线就与管脚建立了电气连接。

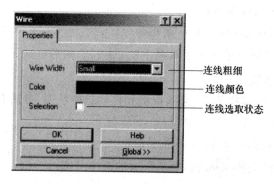

图 2-23　导线属性对话框

实用小技巧:在连线转折过程中,单击空格键可以改变连线的转折方式,有直角、任意角度、自动走线和 45°走线等方式,如图 2-24 所示。

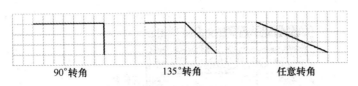

图 2-24　连线转折方式

2. 放置节点

在电路原理图中,一般通过放置节点来表示两条相交的导线是否在电气上具有连接性。没有节点,表示在电气上不连接;有节点,表示在电气上是连接的。

执行 Options→Preferences 菜单命令,在 Schematic 选项卡中选中 Options 区的 Auto Junction 复选框,则当两条导线呈"T"相交时,系统将自动放置节点;但对于呈"十"字交叉的导线,不会自动放置节点,必须手动放置,如图 2-25 所示。

图 2-25　放置节点图

单击节点,出现虚线框后,按 Delete 键可以删除该节点。

执行 Place→Junction 菜单命令,或单击"T"按钮,进入放置节点状态。此时,光标上带着一个悬浮的小圆点。将光标移到导线交叉处,单击鼠标左键,即可放下一个节点;单击鼠标右键,退出放置状态。当节点处于悬浮状态时,按 Tab 键,弹出节点属性对话框,设置节点大小。

2.3.5　元件属性调整

在元件浏览器中放置到工作区的元件都是尚未定义元件标号、标称值和封装形式等属性的,因此必须逐个设置元件参数。

双击元件,弹出如图 2-26 所示的元件属性对话框。其中 Attributes(属性)选项卡主要包括如下选项。

(1) Lib Ref:元件库的名称,它不显示在图纸上。

(2) Footprint:器件封装形式,为 PCB 设置了元件的安装空间和焊盘尺寸。

(3) Designator:元件标号,必须是唯一的。

(4) Part Type:元件型号或标称值,默认值与 Lib Ref 中的元件名称一致。

(5) Part:元件的功能单元。例如,集成电路 74LS00 中有 4 个与非门,若在该选项中设置为"1",则标号为"U? A",表示选用第一个功能单元;若为"2",则标号为"U? B",表示选用第二个功能单元,以此类推。

每个元件一般要设置好标号、标称值(或型号)和封装形式。

2.3.6　放置文字说明

在绘制电路时,通常要在电路中放置一些文字来说明电路,有以下两种方式。

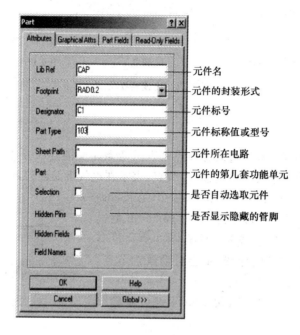

图 2-26　元件属性对话框

1. 放置标注文字

执行 Place→Annotation 菜单命令,或单击按钮$\mathbf{T}$,然后按 Tab 键,调出标注文字属性对话框。在 Text 栏中填入需要放置的文字(最大为 255 个字符);在 Font 栏中,单击 Change 按钮,改变文字的字体及字号。设置完毕,单击 OK 按钮。将光标移到需要放置标注文字的位置。单击鼠标左键,放置文字;单击鼠标右键,退出放置状态。

2. 放置文本框

标注文字只能放置一行。当所用文字较多时,可以采用文本框的方式。

执行 Place→Text Frame 菜单命令,或单击按钮,进入放置文本框状态,然后按 Tab 键,弹出属性对话框。单击 Text 右边的 Change 按钮,弹出一个文本编辑区,在其中输入文字,满一行,回车换行。完成输入后,单击 OK 按钮退出。

2.3.7　放置总线与网络标号

1. 绘制总线

总线是由数条性质相同的导线组成的线束。总线比导线粗一些,但它与导线有本质上的区别。总线本身没有电气连接性,必须由总线上的网络标号(Net Label)来完成电气意义上的连接。如果没有网络标号,总线就没有电气意义。

在应用总线绘制原理图时,一般利用工具栏上的按钮　先画元件管脚的引出线,再绘制总线。

执行 Place→Bus 菜单命令,或单击工具栏上的按钮 ![icon],进入放置总线状态。将光标移至合适的位置,单击鼠标左键,定义总线起点;将光标移至另一位置,单击鼠标左键,定义总线的下一点,如图 2-27 所示。连线完毕,单击鼠标右键退出放置状态。

在画线状态时,按 Tab 键,弹出总线属性对话框,用于修改线宽和颜色。

2. 放置总线分支

元件的各个管脚与总线的连接通过总线分支实现。总线分支是 45° 或 135° 倾斜的短线段。

执行 Place→Bus Entry 菜单命令,或单击按钮 ![icon],进入放置总线分支的状态。此时光标上带着悬浮的总线分支线。将光标移至总线和管脚的引出线之间,同时按空格键变换倾斜角度。单击鼠标左键,放置总线分支线,如图 2-28 所示。

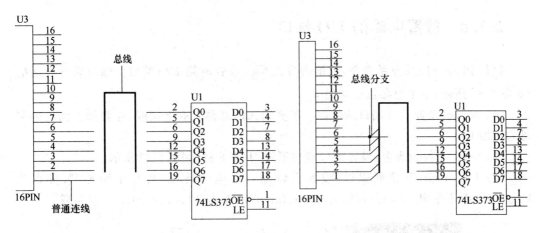

图 2-27 放置总线   图 2-28 放置总线分支

3. 放置网络标号

在复杂的电路图中,由于连线多又复杂,通常使用网络标号来简化电路,因为具有相同网络标号的元件之间在电气上是相通的。网络标号和标注文字不同,前者具有电气连接性;后者只是说明文字,无电气性。

放置网络标号可以通过执行菜单命令 Place→Net Label 实现,或单击按钮 ![icon],进入放置网络标号状态,此时光标处带有一个虚线框。将虚线框移动至需要放置网络标号的图件上,当虚线框和图件相连处出现一个小圆点时,表明与该导线建立电气连接。单击鼠标左键,放下网络标号。将光标移至其他位置可继续放置,如图 2-29 所示。单击鼠标右键,退出放置状态。

当光标上带有虚线框时,同时按 Tab 键,弹出如图 2-30 所示对话框,用于修改网络标号、标号方向等。

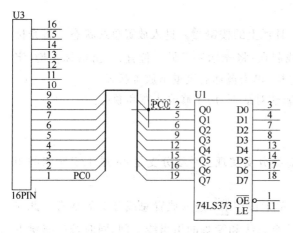

图 2-29　放置网络标号

图 2-30　网络标号属性对话框

2.3.8　放置电路的 I/O 端口

执行 Place→Port 菜单命令，或单击按钮 ![按钮]，放置电路 I/O 端口。端口属性对话框（如图 2-31 所示）中主要参数说明如下。

（1）Name：设置 I/O 端口的名称。若要输入的名称上有上画线，在要加上画线的字母右侧加上"\"。

（2）Style 下拉列表框：设置 I/O 端口形式，共有 8 种，如图 2-32 所示。

（3）I/O Type 下拉列表框：设置 I/O 端口的电气特性，共有 4 种类型，分别为 Unspecified（不指定）、Output（输出端口）、Input（输入端口）、Bidirectional（双向型）。

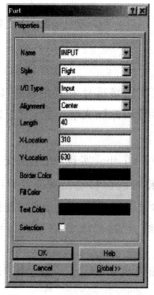

图 2-31　I/O 端口属性设置

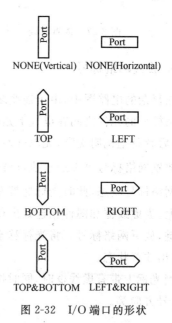

图 2-32　I/O 端口的形状

（4）Alignment 下拉列表框：设置端口名称在端口中的位置，共有 3 个选项。

注意：具有相同名称的 I/O 端口在电气上是相连接的。

助学小贴士：本部分各界面对话框参数说明如下。

1. 新建文件类型

新建文件类型如表 2-3 所示。

表 2-3　新建文件类型

图标	说明	图标	说明
CAM output configur...	CAM 输出配置文件	Document Folder	创建新文件夹
PCB Document	创建新印制板文件	PCB Library Document	创建新印制板库文件
PCB Printer	创建印制板打印文件	Schematic Document	创建新原理图文件
Schematic Librar...	创建新原理图库文件	Spread Sheet...	创建表格文件
Text Document	创建文本文件	Waveform Document	创建波形文件

2. 编辑主界面主菜单栏命令

（1）File："文件"菜单，实现文件新建、打开、关闭、打印文件等功能。

（2）Edit："编辑"菜单，实现复制、剪切、粘贴、选择、移动、拖动、查找/替换等编辑功能。

（3）View："视图"菜单，实现编辑窗口的放大与缩小、工具栏的显示与关闭、状态栏和命令栏的显示与关闭等功能。

（4）Place："放置"菜单，完成在原理图编辑器窗口放置各种对象的操作，如放置元件、电源接地符号，绘制导线等。

（5）Design："设计"菜单，完成元件库管理、网络表生成、电路图设置、层次原理图设计等操作。

（6）Tools："工具"菜单，完成 ERC 检查、元件编号、原理图编辑器环境和默认设置等操作。

（7）Simulate："仿真"菜单，完成与模拟仿真有关的操作。

（8）PLD：如果电路中使用了 PLD 元件，可实现 PLD 方面的功能。

（9）Reports：完成产生原理图报表的操作，如元件清单、网络比较报表、项目层次表等。

（10）Window：完成窗口管理的各种操作。

（11）Help："帮助"菜单。

3. 主工具栏按钮功能表

主工具栏按钮功能如表 2-4 所示。

表 2-4　主工具栏按钮功能

	项目管理器		显示整个工作面		解除选取状态		修改元件库设置
	打开文件		主图、子图切换		移动被选图件		浏览元件库
	保存文件		设置测试点		绘图工具		修改同一元件的某功能单元
	打印设置		剪切		绘制电路工具		撤消操作
	放大显示		粘贴		仿真设置		重复操作
	缩小显示		选取框选区的图件		电路仿真操作		打开帮助文件

4. 画原理图工具按钮功能(Wiring Tools)

——画导线(Wire)

——画总线(Bus)

——画总线进出点(Bus Entry)

Net——放置网络标号(New Label)

——放置电源(Power Port)

——放置元件(Part...)

——放置电路方框图(Sheet Symbol)

——放置电路方框进出点(Add Sheet Entry)

——放置输入/输出点(Port)

——放置节点(Junction)

——放置忽略ERC测试点(Directives\No ERC)

——放置PCB布线指示(Directives\PCB Layout)

5. 绘图工具栏按钮功能

绘图工具栏按钮功能见表 2-5 所示。

表 2-5　绘图工具栏按钮功能

按钮	功能	按钮	功能	按钮	功能
	画直线		画多边形		画椭圆弧线
	画曲线		旋转说明文字		放置文本框
	画矩形		画圆角矩形		画椭圆
	画圆饼图		放置图片		阵列式粘贴

2.4　本章总结

本章主要介绍如何绘制直流稳压电源电路原理图和肺活量检测电路原理图,使学生掌握电路原理图设计的基础知识和设计过程中相关参数设置、元件库管理、元件编辑、电源和接地端口放置、网络标号使用、元件属性设置及放置电路输入/输出端口等技能。

绘制原理图的具体步骤如下所述。

1. 新建原理图文件

首先确定要设计电路的具体实现方式,然后在集成开发环境中新建原理图设计文件,并绘制原理图。

2. 设计图纸大小

进入 Protel 99/ Schematic 后,首先要构思好零件图,设计好图纸大小。

图纸大小是根据电路图的规模和复杂程度而定的,设置合适的图纸大小是设计好原理图的第一步。

3. 设置 Protel 99 /Schematic 设计环境

设置 Protel 99/Schematic 设计环境,包括设置网格、光标及系统参数等。

4. 在图纸上放置设计需要的元器件

用户根据实际电路的需要,从元件库里取出所需元件并放置到工作平面,然后修改元件的名称、封装,并对元件的位置进行调整、修改。

5. 对所放置的元器件进行布局布线

将工作平面上的元件用有电气意义的导线、符号连接起来,构成一个完整的电路原理图。

习题

1. 元件的属性有几个? 其含义分别是什么?
2. 放置元件的操作方法有几种?
3. 放置网络标号应注意什么问题? 绘制如图 2-33 所示电路图。
4. 绘制抢答器电路图,如图 2-34 所示。

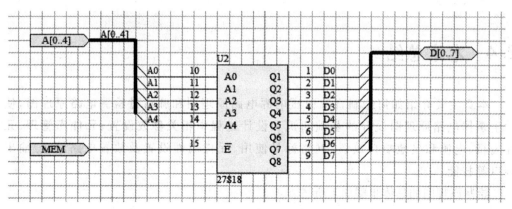

图 2-33　电路图(习题 3)

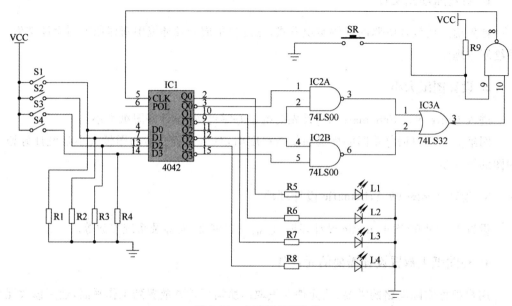

图 2-34　电路图(习题 4)

要求:(1) 新建原理图,将文件命名为"抢答器. sch"。

(2) 绘制抢答器电路图。设置图样大小为 A4,其中元件标号、标称值均采用四号宋体。完成后,将文件存盘,元件列表如表 2-6 所示。

表 2-6　抢答器电路原理图元件列表

元件类别	元件标号	原理图元件名	元件封装
开关	SR	SW-PB	RAD0.1
开关	S1~S4	SW-SPST	RAD0.1
电阻	R1~R9	RES2	AXIAL0.4
发光二极管	L1~L4	LED	DIODE0.4
集成块	IC2A	74LS00	DIP14
集成块	IC3A	74LS32	DIP14
集成块	IC1	4042	DIP16

第3章

原理图编辑器报表文件

原理图设计完成之后,进入原理图后期处理阶段。原理图的前期处理主要是指原理图的绘制,包括元件库的导入、元件导线的放置、图纸的属性设置等;后期处理就是为 PCB 设计提供有用信息,包括原理图编译、电气规则检测、创建网络表等。

本章通过实例,详细介绍原理图后期处理过程。通过本章,学生应掌握以下基本技能:

◆电气规则检测;
◆创建网络表;
◆元件自动编号;
◆元件清单报表的生成;
◆原理图打印输出。

3.1 项目描述

本项目的主要内容是:原理图文件绘制完毕,将原理图的 .sch 文件转换为文本格式的报表文件,以便检查、保存,为绘制印制电路板做好准备。通过创建直流稳压电源电路和肺活量检测电路的电气规则检测(ERC)报表、元件清单报表、网络状态报表等,为 PCB 设计做准备工作。

3.2 项目剖析

3.2.1 任务1——创建直流稳压电源电路报表文件

1. 任务描述

为绘制好的直流稳压电源电路原理图(图 3-1)创建电气规则检测(ERC)报表、元件清单报表、网络状态报表、元件自动编号报表,最终打印原理图。

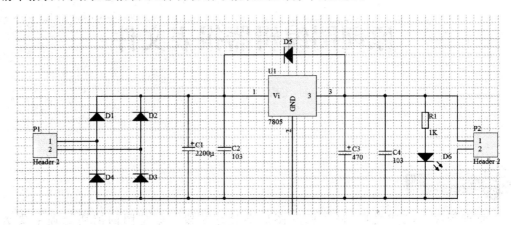

图 3-1 直流稳压电源电路原理图

2. 任务实施

1) 打开绘制完成的原理图文件

步骤 1:打开 Protel 99 SE 软件,执行 File→Open 菜单命令,找到原理图文件所在的位置。双击打开文件直流稳压电源.ddb,并打开数据库文件。

步骤 2:在打开的数据库文件中找到名称为直流稳压电源.sch 的文件,双击将其打开,即图 3-1 所示直流稳压电源电路原理图。

2) 电气规则检测

步骤 1:在原理图编辑器中,执行 Tools→ERC... 菜单命令及打开 Setup Electrical Rules Check(设置电气规则检测)对话框,如图 3-2 所示。单击下方按钮 OK ,系统按照设置的规则对原理图进行检测。

步骤 2:测试完毕,自动进入 Protel 99 SE

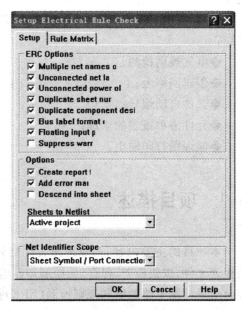

图 3-2 设置电气规则检测对话框

的文本编辑器,并生成相应的检测报告,如图 3-3 所示。

步骤 3:系统在被测试的原理图设计中发生错误的位置放置红色符号,以便设计者修改,结果如图 3-4 所示。

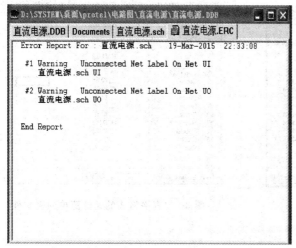

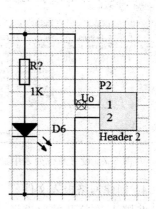

图 3-3 执行电气规则检测后的结果   图 3-4 放置错误或者警告符号

实践技巧:对于系统自动放置的红色的错误或者警告符号,可以像一般图形一样将其删除。

3) 创建元件清单报表

步骤 1:在打开的原理图编辑器中,执行 Reports→Bill of Material 菜单命令,如图 3-5 所示,打开清单报表对话框,如图 3-6 所示。选中 Sheet 单选框,为打开的原理图生成相应的清单报表。

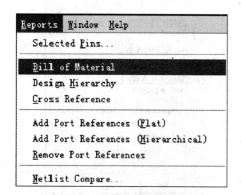

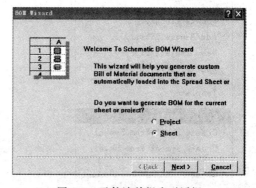

图 3-5 执行菜单命令   图 3-6 元件清单报表对话框

步骤 2:在弹出的对话框中按默认值单击按钮 Next,弹出可以设置元件列表内容的对话框,如图 3-7 所示。选中复选框的 Footprint(元件封装)和 Description(详细信息选项),如图 3-7 所示。在此对话框中,Part Type(元件名称)和 Designator(元件序号)自动包含在元件清单报表中。

步骤 3:设置完成后,再次单击按钮 Next,产生元件列表对话框。单击按钮 Finish,系统自动产生元件列表文件。文件名称和原理图设计文件名称相同,后缀是 .xls,如图 3-8

所示。

步骤 4：执行 File→Save 菜单命令，保存生成的列表文件。

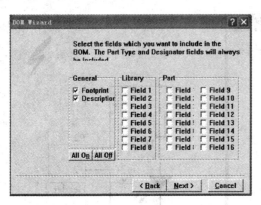

图 3-7　设置元件列表中的内容　　　　　图 3-8　表格格式的元件清单列表文件

4）创建网络报表文件

步骤 1：在打开的原理图编辑器中，执行 Design→Create Netlist...（创建网络表文件）菜单命令，如图 3-9 所示。

步骤 2：在弹出的网络表文件选项设置对话框（如图 3-10 所示）中单击按钮 OK，系统将自动生成网络表文件，并打开网络表文件的文本编辑器，如图 3-11 所示。

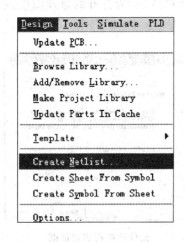

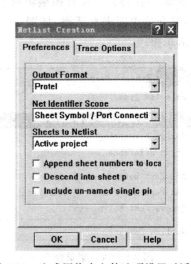

图 3-9　执行网络表文件菜单命令　　　　图 3-10　生成网络表文件选项设置对话框

步骤 3：执行 File→Save 菜单命令，保存生成的网络表文件，文件名称和原理图文件名称相同，后缀为 .net。

5）创建元件自动编号报表文件

步骤 1：在打开的原理图编辑器中，执行 Tools→Annotate...（元件自动编号）菜单命令，如图 3-12 所示。

直流电源.DDB	直流电源.sch	直流电源.XLS	直流电源.NET

```
[
C3
POLAR0.8
Cap Pol2


]
[
C4
RAD-0.3
Cap


]
[
D1
二极管
Diode
```

图 3-11　网络表文本编辑器

步骤 2：在弹出的元件自动编号对话框中单击按钮 `OK`，执行自动编号操作，系统将完成元件自动编号操作，打开自动编号的文本编辑器，如图 3-13 所示。

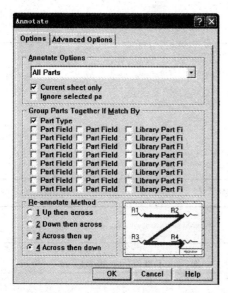

图 3-12　元件自动编号设置对话框

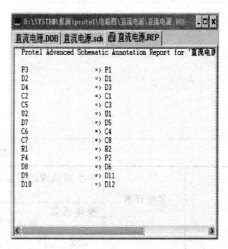

图 3-13　元件自动编号报表文件

6）原理图的打印输出

将绘制好的原理图用打印机输出。

步骤 1：在打开的原理图编辑器中，执行 File→Setup Printer 菜单命令，系统弹出设置打印机对话框 Schematic Printer Setup，如图 3-14 所示。

步骤 2：设置打印机类型，选择目标图形文件类型以及颜色等属性。单击对话框中的按钮 `Properties...`，打开"打印设置"对话框，如图 3-15 所示，设置打印机型号以及图纸的大小和方向。单击 `确定` 按钮，完成打印机设置。

步骤 3：单击按钮 `Print`，系统将按照上述设置执行打印输出。

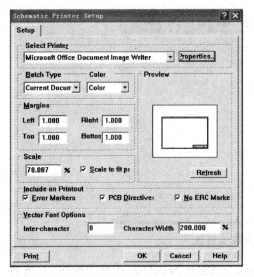

图 3-14　原理图打印输出设置对话框　　　　　　图 3-15　"打印设置"对话框

☞上交作品

将作品的打印件粘贴在以下位置。

| |
| |
| |
| |

教学效果评价

教学效果评价	学生评教	学生对该课的评语：	
		整体感觉 很满意□　满意□　一般□　不满意□　很差□	
	教师评学	过程考核情况	
		结果考核情况	
		评价等级 优□　良□　中□　及格□　不及格□	

3.2.2　任务2——创建肺活量检测电路报表文件

1. 任务描述

为绘制好的肺活量检测电路原理图创建电气规则检测(ERC)报表、元件清单报表及网络状态报表。

2. 任务实施

1) 打开绘制完成的原理图文件

步骤1：打开 Protel 99 SE 软件，执行 File→Open 菜单命令，找到原理图文件所在的位置。双击打开名为直流稳压电源.ddb 的文件。打开数据库文件。

步骤2：在打开的数据库文件中，找到名为直流稳压电源.sch 的文件，双击打开，如图3-16 所示。

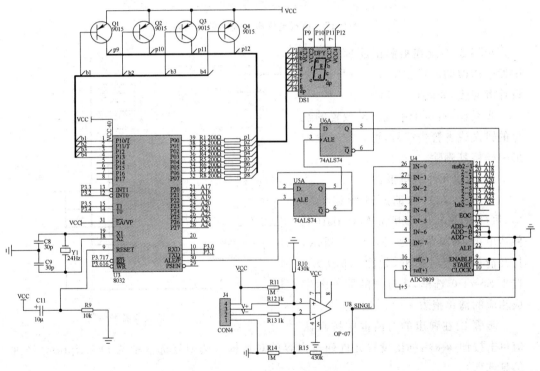

图 3-16　肺活量检测电路原理图

2) 电气规则检测

步骤1：在原理图编辑器中，执行 Tools→ERC... 菜单命令，打开 Setup Electrical Rules Check(设置电气规则检测)对话框，然后单击按钮 OK ，系统按照设置的规则对原理图进行检测。

步骤2：测试完毕后，自动进入 Protel 99 SE 文本编辑器，并生成相应的检测报告，如图3-17 所示。

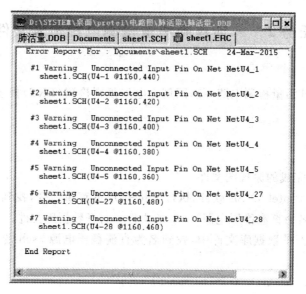

图 3-17　执行电气规则检测后的结果

步骤 3：系统在被测试原理图设计中发生错误的位置放置红色符号，以便设计者修改，如图 3-18 所示。

实践技巧：对于系统自动放置的红色的错误或者警告符号，可以像一般图形一样将其删除。

3）创建元件清单报表

步骤 1：在打开的原理图编辑器中，执行 Reports→Bill of Material（元件清单报表）菜单命令，如图 3-5 所示，打开清单报表对话框，如图 3-6 所示。选中 Sheet 单选框，为打开的原理图生成相应的清单报表。

步骤 2：在弹出的对话框中按默认

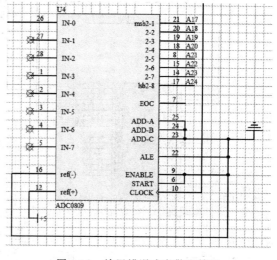

图 3-18　放置错误或者警告符号

值单击按钮 Next>，弹出设置元件列表内容的对话框。选中复选框中的 Description（详细信息选项）。

步骤 3：设置完成后，再次单击按钮 Next>，弹出元件列表对话框。单击按钮 Finish，系统自动生成元件列表文件，文件名称和原理图设计文件名称相同，后缀是 .xls，如图 3-19 所示。

步骤 4：执行 File→Save 菜单命令，保存生成的列表文件。

4）创建网络报表文件

步骤 1：在打开的原理图编辑器中，执行 Design→Create Netlist...（创建网络表文件）菜单命令。

肺活量.DDB | Documents | sheet1.SCH | sheet1.NET | 📄 sheet1.XLS

G16

	A	B	C	D	E	F
1	Part Type	Designator	Footprint			
2		DS1	7SEGMENT			
3	1M	R14	rad0.1			
4	1M	R11	rad0.1			
5	1k	R13	rad0.1			
6	1k	R12	rad0.1			
7	10K	R9	AXIAL0.4			
8	10uF	C11	RB0.1/0.4			
9	24hz	Y1	RAD0.2			
10	30p	C9	RAD0.1			
11	30p	C8	RAD0.1			
12	74ALS74	U6	DIP-14			
13	74ALS74	U5	DIP-14			
14	200Ω	R5	AXIAL0.3			
15	200Ω	R6	AXIAL0.3			
16	200Ω	R4	AXIAL0.3			
17	200Ω	R3	AXIAL0.3			
18	200Ω	R2	AXIAL0.3			
19	200Ω	R1	AXIAL0.3			
20	200Ω	R8	AXIAL0.3			
21	200Ω	R7	AXIAL0.3			
22	430k	R10	rad0.1			
23	430k	R15	rad0.1			
24	8032	U3	DIP40			
25	9015	Q3	TO-92A			
26	9015	Q2	TO-92A			
27	9015	Q1	TO-92A			
28	9015	Q4	TO-92A			
29	ADC0809	U4	DIP-28			
30	CON4	J4	SIP4			
31	OP-07	U8	DIP8			
32						

Sheet1

图 3-19　表格格式的元件清单列表文件

步骤 2：在弹出的网络表文件选项设置对话框中单击按钮 OK ，系统将自动生成网络表文件，并打开网络表文本编辑器，如图 3-20 所示。

步骤 3：执行 File→Save 菜单命令，保存生成的网络表文件，文件名称和原理图文件名称相同，后缀为 .net。

5）创建元件自动编号报表文件

步骤 1：在打开的原理图编辑器中，执行 Tools→Annotate...（元件自动编号）菜单命令。

步骤 2：在弹出的元件自动编号对话框中，单击按钮 OK ，执行自动编号操作，系统会完成元件的自动编号操作，自动打开自动编号文本编辑器。

6）原理图的打印输出

将绘制好的原理图用打印机输出。

步骤 1：在打开的原理图编辑器中，执行 File→Setup Printer 菜单命令，系统弹出 Schematic Printer Setup 对话框。

步骤 2：设置打印机类型，选择目标图形文件类型以及颜色等属性。单击对话框中的按钮 Properties... ，打开"打印设置"对话框，设置打印机型号以及图纸的大

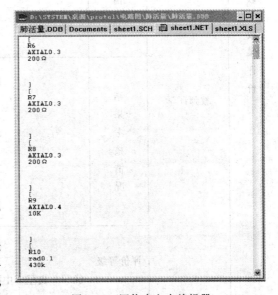

图 3-20　网络表文本编辑器

小和方向。单击按钮 **确定**，完成打印机设置。

步骤3：单击按钮 **Print**，系统按照上述设置进行打印输出。

☞**上交作品**

将作品的打印件粘贴在以下位置。

教学效果评价

教学效果评价	学生评教	学生对该课的评语：	
		整体感觉 很满意□　满意□　一般□　不满意□　很差□	
	教师评学	过程考核情况	
		结果考核情况	
		评价等级 优□　良□　中□　及格□　不及格□	

3.3 原理图编辑器报表文件

3.3.1 电气规则检测(ERC)

原理图绘制完成之后,还需要对其进行电气检测,看是否有违反电气规则的地方。电气规则检测就是通常所说的 ERC(Electrical Rules Check),是电路设计中很重要的一步。

电气规则检测是利用设计软件对已经完成的电路进行测试,按照指定的物理和逻辑特性检查人为的错误或疏忽,比如空的管脚、没有连接的网络标号、没有连接的电源以及重复的元件编号等。测试完毕,程序自动生成电路中可能存在的各种错误的报表,并且在电路图中有错误的地方标记为红色符号,方便设计人员检查和修改。设计人员在执行电气规则检测之前,还可以人为地在原理图中放置"No ERC"符号,以避开 ERC 检测。

执行 ERC 检测后,弹出对话框,如图 3-21 所示,其中包括 Setup 和 Rule Matrix 两个选项卡,主要用于设置电气规则的选项、范围和参数。设置完成后,单击 OK 按钮,执行ERC 检查。

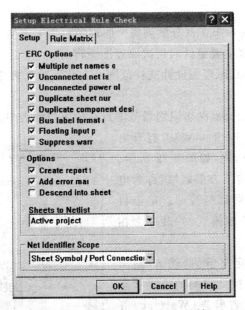

图 3-21 设置电气规则检测对话框

Setup 选项卡中各选项含义如下所述。

(1) Multiple net names on net(多网络名称):选中该项,检测结果中将包含"同一网络连接具有多个网络名称"的错误(Error)检查。

(2) Unconnected net labels(未连接的网络编号):选中该项,检测结果中将包含"未实际连接的网络标号"的警告(Warning)检查。实际连接的网络标号是指实际上存在的网络标号,但是该网络未连接到其他管脚或者"Part"上,属于悬浮状态。

（3）Unconnected power objects（未实际连接的电源图件）：选中该项，检测结果中将包含"未实际连接的电源图件"的警告性检查。

（4）Duplicate sheet numbers（电路图编号重号）：选中该项，检测结果中将包含"电路图编号重号"项。

（5）Duplicate component designator（元件编号重号）：选中该项，检测结果中将包含"元件电路图编号重号"项。

（6）Bus label format errors（总线标号格式错误）：选中该项，检测结果中将包含"总线标号格式错误"项。

（7）Floating input pins（输入管脚浮接）：选中该项，检测结果中将包含"输入管脚浮接"警告性检查。所谓浮接，是指未连接。

（8）Suppress warnings（忽略警告）：选中该项，检测结果中将忽略所有的警告性检测项，不会出现具有警告性错误的测试报告。

设置电气规则检测对话框 Options 区域中各选项的含义如下所述。

（1）Create report file（创建测试报告）：选中该项，在执行完 ERC 测试后，系统自动将测试结果保存到报告文件，其文件名和原理图文件名相同。

（2）Add error markers（放置错误符号）：选中该项，检测结束后，系统自动在错误位置放置错误符号。

（3）Descend into sheet parts（分解到每个原理图）：选中该项，检测结束后，将测试结果分解到每个原理图。这主要是针对层次原理图而言的。

（4）Sheets to Netlist（原理图设计文件范围）：在该下拉列表中选择要测试的原理图设计文件的范围。

（5）Net Identifier Scope（网络识别器范围）：在该下拉列表中选择网络识别器范围。

单击图 3-21 中的选项卡 Rule Matrix ，打开电气规则检测选项阵列对话框，如图 3-22 所示。该对话框中有一个彩色的正方形区域，称为电气规则矩阵的每个小方格都是按钮。单击目标方格，该方格切换成其他模式，并改变为相应的颜色。

该选项卡主要用来定义管脚、输入/输出端口，以及电路出入端口彼此之间的连接状态是否构成错误（Error）或者警告（Warning）等级的电气冲突。

（1）错误（Error）：指电路中有严重违反电子电路原理的连线情况，如电源和接地短路。

（2）警告（Warning）：指某些违反电子电路原理的连线情况（甚至可能是设计者故意的）。由于系统不能确定它们是否真的错误，所以用警告等级的信息提醒设计者。

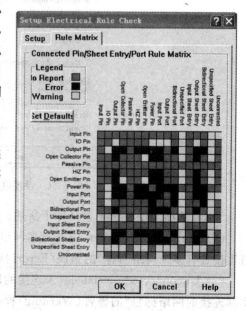

图 3-22　电气规则检测选项阵列对话框

对话框左上角 Legend 区域的选项说明不同颜色代表的意义。

（1）No Report（不测试）：用绿色表示，表示对该项不做测试。

（2）Error（错误）：用红色表示。当发生这种情况时，以 Error 为测试报告列表的前导字符串。

（3）Warning（警告）：用黄色表示，以 Warning 为测试报告列表的前导字符串。

如果需要恢复系统默认的设置，单击按钮 **Set Default** 。

3.3.2 元件清单报表

元件清单报表主要用来整理电路或者项目中的所有元件。列表中包含元件的名称、序号、封装形式等主要信息，便于设计者对电路图中的所有元件进行检查及核对。

元件清单报表默认的信息包含 Part Type（元件标注）、Designator（元件标号）、Footprint（元件封装）及 Description（元件描述），如图 3-23 所示。

清单报表的输出格式有 3 类：Protel Format 格式，文件扩展名为 ＊.bom；CSV Format 格式，文件扩展名为 ＊.csv；Client Spreadsheet 格式，文件扩展名为 ＊.xls，如图 3-24所示。

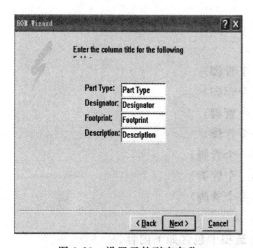
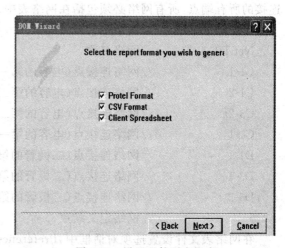

图 3-23 设置元件列表名称　　　　　　　　图 3-24 设置元件列表格式

3.3.3 网络表

在电路原理图产生的各类报表中，网络表最为重要。绘制电路原理图的最主要目的就是将设计电路转换成一个有效的网络表。由于 Protel 系统高度的集成性，可以在不离开绘图页编辑程序的情况下，直接通过执行命令产生整个项目文件或当前原理图的网络表。

网络表是用来表示原理图中各个元件管脚之间电气连接关系的列表，网络表的主要功能是为电路板的设计提供元件信息和线路连接信息。利用网络表的比较功能，将 PCB

生成的网络表与原理图生成的网络表进行比较,验证原理图和 PCB 之间是否一致,方便校验正确性。

网络表通常采用 ASCII 文本文件格式,其主要内容包括原理图中各元件的数据(标号、类型、封装信息)以及元件之间的网络连接数据。由于网络表是纯文本文件,可以利用普通的文本编辑程序自行建立,或者修改已经存在的网络表。

网络表结构分为两大部分,第一部分为元件描述,第二部分为网络连接描述,格式定义如下所述。

1) 元件描述部分

元件描述以"["开始,以"]"结束,将内容包含在[ ]内。所有元件必须在网络表里有声明。

```
[
D3              //元件声明开始
二极管          //元件标号
Diode           //元件封装形式
]               //元件声明结束
```

2) 网络连接描述部分

网络定义以"("开始,以")"结束,将内容包括在( )内。在网络描述中,列出该网络连接的所有端点,所有网络必须包括在网络表中。

```
(               //网络定义开始
Net D1_1        //网络名称
C1-1            //网络连接点(电容的第一个管脚)
C1-2            //网络连接点(电容的第二个管脚)
C3-2            //网络连接点(电容的第二个管脚)
C4-1            //网络连接点(电容的第一个管脚)
D1-1            //网络连接点(二极管的第一个管脚)
D3-1            //网络连接点(二极管的第一个管脚)
D6-2            //网络连接点(二极管的第一个管脚)
)               //网络定义结束
```

在网络表文件设置选项对话框中,Preference 选项卡包含如下内容。

(1) Output Format(网络表输出格式):设置网络表的输出格式。其下拉列表中共有38 种格式,包括 Protel、Protel2、SPICE、VHDL 等。默认设置为 Protel 格式。

(2) Net Identifier Scode(网络识别器作用范围设置):设置多图纸项目的网络标识符范围,下拉列表包含 3 个选项,各项的含义是如下所述。

① Net Labels and Ports Global:网络标号和端口全局有效,即项目中不同电路图之间的同名网络标号相互连接,同名端口也相互连接。

② Only Ports Global:仅端口全局有效,即项目中不同电路的同名端口相互连接。

③ Sheet Symbol/Port Connection:网络标号和端口只在当前子原理图中有效。

(3) Sheets to Netlist(生成网络表的图纸设置):设置要生成网络表的图纸范围,下拉列表包含 3 个选项,各项含义如下所述。

① Active sheet:只生成网络表。

② Active project:对当前打开的原理图所在的整个项目生成网络表。

③ Active sheet plus sub sheets:对当前打开的原理图及其子电路图生成网络表。

(4) Append sheet numbers to local nets:在生成网络表的同时,将原理图编号附加到网络标号,多用于在多图纸的项目中为每个网络标号附加原理图符号,目的在于区别网络标号之间的电气连接。

(5) Descend into the sheet parts:深入图纸元件内部电路,多用于图纸设计时将器件内部电路转化为网络表。

(6) Include un-named single pin net:产生网络表时,将所有未命名的单边连线都包括在内。单边连线是指只有一端接到电气对象,而另一端悬空。

Trace Options 选项卡包含如下内容。

(1) Trace Netlist Generation:跟踪结果将写入与原理图名称相同的 ∗.tng 文件。选中 Enable Trace 复选框,激活此功能。

(2) Trace Options:设置跟踪选项,其中含有 3 个复选框,如下所述。

① Netlist before any resolving:转换网络表时,在任何解析动作之前跟踪,并形成跟踪文件 ∗.tng。

② Netlist after resolving sheets:转换网络表时,解析完一张电路图后再跟踪,并形成跟踪文件 ∗.tng。

③ Netlist after resolving project:转换网络表时,解析完一个项目后再跟踪,并形成跟踪文件 ∗.tng。

(3) Merge Report:选中其中的 Include Net Merging Information 复选框,将包含网络合并信息。

3.3.4 元件自动编号报表

原理图设计完成后,如需修改,将删除电路中的某些冗余功能,相应的元件也会被删除,最终导致原理图中的元件编号不连续,影响后期电路板的装配和调试工作。这种情况在原理图设计的初期经常出现,这时,一般对原理图设计重新编号。

利用系统提供的元件自动编号功能对原理图设计中的所有元件编号。这种方法省时、省力,尤其适合元件很多的电路设计。在对原理图自动编号的同时,系统自动生成自动编号后的报表文件。

3.4 原理图的打印输出

原理图设计完成后,为了便于检查是否有错,以及后期电路板设计,需要将原理图打印输出。打印输出是原理图常用的输出方式,常用于小幅面图纸输出。

原理图打印输出有以下两个步骤。

（1）打印机设置。

（2）打印输出。

3.4.1 设置打印机

打印机设置对话框如图 3-25 所示，用于设置打印机的类型、颜色及显示比例等。

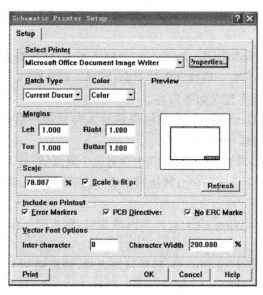

图 3-25　打印机设置对话框

（1）Select Printer（选择打印机）：如果当前操作系统中安装了多台打印机，在下拉列表中选择打印机的类型及输出接口。可以根据实际的硬件配置情况进行选择。

（2）Batch Type（选择输出的目标图形文件）：在下拉列表中有两种目标图形文件可供选择，即 Current Document（当前正在编辑的图形文件）和 All Document（整个项目中的全部文件）。

（3）Color（设置输出颜色）：颜色的设置有两类，即 Color（彩色）和 Monochrome（单色）。一般情况下选择单色输出或黑白两色输出。

（4）Margins（设置页边距）：页边距的设置包括 Left（左边）、Right（右边）、Top（上边）、Bottom（下边）等项。页边距的单位为英寸（Inch）。

（5）Scale（设置缩放比例）：工程图纸的规格和普通打印纸的尺寸不同，当图纸尺寸大于打印纸尺寸时，可以在打印输出时对图纸进行一定比例的缩放，以便图纸在一张打印纸上完全显示出来。缩放比例可以是 10％～500％ 的任意值。为了打印输出的图纸能够分辨清楚，缩放比例一般不低于 60％ 。

（6）Preview（预览）：设置好页边距和缩放比例之后，单击该项中的按钮 Refresh ，预览打印效果图。

（7）Vector Font Options（向量字体选项）：设置向量字体类型。

3.4.2　打印输出

在 Protel 99 SE 中，原理图的打印输出可以采用两种方式。

（1）自动调整输出比例。

（2）手动调整输出比例。

如果选择自动调整输出比例，系统将根据选定的纸张大小，自动调整输出比例，保证图纸最大限度地充满纸张。利用该功能打印输出原理图，具有设置简单、快捷方便的特点，适合元件较少，连线简单的原理图输出。

当原理图复杂，纸张较多时，通常采用手动调整比例输出，防止输出的原理图比例小，图纸不清晰，难以辨识，不利于阅读。

3.5　本章总结

本章进一步介绍电路原理图绘制完成的后续工作，使学生了解和掌握典型的设计方法和步骤，以便准确、高效地完成电路板设计工作。

1. 电路板设计前的准备

包括电气规则检测，放置布线符号，检查元件封装是否遗漏，解决元件编号问题，如元件编号是否重复。元件自动编号等。

2. 电气规则检测

进行电气规则检测，检测出人为疏忽和电路设计错误，保证电路板设计的准确性。

3. 元件封装是否遗漏检查

生成元件信息表格，进行元件封装形式的检查与修改，并更新原理图文件。

4. 元件自动编号

对原理图中的元件自动编号，避免元件跳号、重号问题，方便图面解读。如果元件编号重复，在生成网络表文件及 PCB 设计时，系统将遗漏元件。因此在原理图设计后期，应当检查元件编号是否重复。

5. 创建网络表文件

介绍网络表的生成、网络标识器的范围以及网络表文本编辑的基本使用方法。

6. 元件清单报表

生成元件清单报表，以便进行元件统计和采购。

7. 原理图的打印输出

主要介绍自动调整输出比例模式的原理图的打印输出。

习题

1. 了解 ERC 设计校验的基本功能，掌握其操作方法。
2. 利用 Excel 的数据处理功能，对元件清单进行统计。
3. 打开一个电路原理图，对其中的元件自动编号。
4. 将一个电路原理图生成网络表文件，查看其连接是否与原理图一致。

第4章

原理图库元件制作

原理图元件是原理图绘制的最基本要素,保存在原理图元件库中。在 Protel 中,对原理图元件采取库管理的方法,即所有元件都归属于某个或某些库。Protel 99 SE 库文件包含原理图元件及印制电路板元件(PCB 元件)两大类。原理图元件只适用于原理图绘制,只可以在原理图编辑器中使用;PCB 元件用于 PCB 设计,只可以在 PCB 编辑器中使用,二者不可混用。因原理图元件为实际元件的电气图形符号,有时也称其为电气符号;对于原理图元件库,相应地称为电气符号库。

本项目通过具体实例,详细介绍原理图元件的绘制过程。通过本项目学习,应掌握下述基本技能:

◆元件库管理器的各项功能;

◆手工绘制元件;

◆利用向导生成元件;

◆元件规则检查。

4.1 项目描述

本项目的主要内容是:通过绘制原理图元件 LED 八段数码管和集成元件 JK 触发器,掌握 Protel 99 SE 元件的制作以及修订方法,降低甚至摆脱对自带库的依赖,增强设计的灵活性。

4.2 项目剖析

4.2.1 任务 1——绘制 LED 八段数码管

1. 任务描述

本任务要求绘制如图 4-1 所示 LED 八段数码管,掌握分立元件的绘制方法。元件名为 LED_8,元件外形尺寸为 90mil×60mil,管脚长度为默认长度 20mil,10 号管脚设置为隐藏。

2. 任务实施

1) 新建原理图库文件

步骤 1:在当前设计管理器环境下,执行 File→New 菜单命令,系统将弹出"新建文件"对话框,选择原理图元件库编辑器图标,如图4-2 所示。

步骤 2:双击图标或者单击 OK 按钮,系统在当前设计管理器中创建一个新元件库文档,

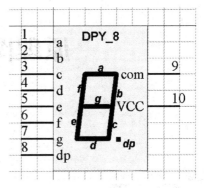

图 4-1 数码管 LED_8

默认文档名 Schlib1.lib。执行 Edit→Rename 菜单命令重命名该文档,比如 Mylib1.lib。

步骤 3:双击设计管理器中的电路原理图元件库文档图标,进入原理图元件库编辑工作界面,如图 4-3 所示。

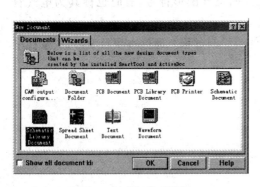

图 4-2 新建文件对话框

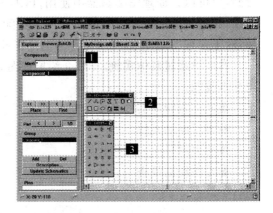

图4-3 元件库编辑器界面

助学小贴士:元件库编辑器界面主要由元件管理器、主工具栏、菜单、常用工具栏、编辑区等组成。在编辑区有一个"十"字坐标轴,将元件编辑区划分为四个象限。右上角为第一象限,左上角为第二象限,左下角为第三象限,右下角为第四象限。通常在第四象限进行元件的编辑工作。

2）建立新元件编辑环境

在 Mylib1.lib 元件编辑器中，执行 Tools→Rename Component 菜单命令，如图 4-4 所示，弹出新元件名对话框。在 Name 框内输入新元件名 LED_8，然后单击 OK 按钮，进入新元件的编辑状态。

3）绘制元件示意图

绘图工具栏与原理图设计的画图工具类似，只有三个工具按钮不同，如图 4-5 所示。工具栏按钮的功能和对应的菜单命令如表 4-1 所示。

单击元件绘图工具栏上的画矩形按钮 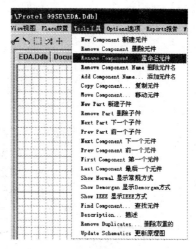，在坐标原点处，确定直角矩形的左上角；移动鼠标指针到矩形的右下角，再次单击鼠标左键，结束矩形的绘制过程。直角矩形的大小为 6×9 格。画矩形如图 4-6 所示。

图 4-4 重命名元件

表 4-1 绘图工具栏按钮的功能及对应菜单命令

按 钮	功 能	对应菜单命令
	添加新元件	Tools/New Component
	添加复合元件中的单元	Tools/New Part
	放置元件管脚	Place/Pins

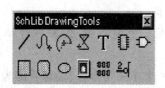

图 4-5 元件库绘图工具栏

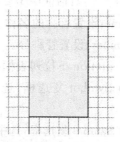

图 4-6 画矩形

4）放置元件的管脚和修改管脚属性

单击绘图工具栏中的按钮，光标变成"十"字形并"粘连"一个管脚。放置管脚时要注意，管脚只有一端是电气热点（即"火柴头"），放置时应将不具有电气特性的一端（即光标所在端）与元件图形相连，如图 4-7 所示。将光标移到合适的位置单击左键，放置管脚（利用空格键及 X 键调整其方向），如图 4-8 所示。管脚悬浮状态时按 Tab 键，或者放置后双击管脚，可修改管脚属性，如图 4-9 所示。管脚属性参照表 4-2。

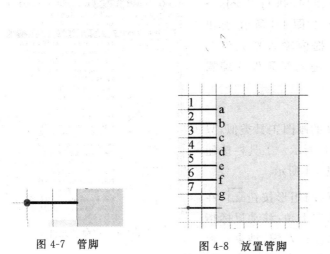

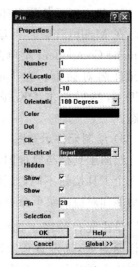

图 4-7　管脚　　　　　　　图 4-8　放置管脚　　　　　图 4-9　修改管脚属性

表 4-2　共阳极数码管 LED_8 的管脚属性

管脚号	是否低电平有效	是否时钟输入	是否隐藏	Electrical Type
1～8	否	否	否	Input
9(com)	否	否	否	Power
10(VCC)	否	否	是	Power

实践技巧：

（1）选择 Hidden Pins 选项查看隐藏的管脚。

（2）管脚名称要求能够直观地体现元件的电气功能，目的是增强原理图的可读性。

助学小贴士：对话框中主要参数的含义如下所述。

① Name：设置管脚的名称。

② Number：设置管脚号。

③ Orientation 下拉列表框：设置管脚的放置方向。

④ Dot Symbol 复选框：选中后，管脚末端出现一个小圆圈，代表该管脚为低电平有效。

⑤ Clk Symbol 复选框：选中后，管脚末端出现一个小三角形，代表该管脚为时钟信号管脚。

⑥ Electrical Type 下拉列表框：设置管脚的类型，共有 8 种。

◆ Input：输入型。

◆ I/O：输入/输出型。

◆ Output：输出型。

◆ Open Collector：集电极开路输出型。

◆ Passive：无源型。

◆ Hiz：高阻型。

◆ Open Emitter：发射极开路输出型。

◆ Power：电源型（接电源或地）。

⑦ Hidden 复选框：选中后，管脚具有隐藏特性，管脚不显示。

⑧ Pin Length：设置管脚的长度。

5）给原理图符号添加注释

步骤1：执行 Options→Preferences 菜单命令，如图 4-10 所示，在弹出的对话框中将管脚名和边界的距离 Pin Name（Margin）从默认值 6 改为 2，如图 4-11 所示，以便增加画"日"形图案的空间。

图 4-10　元件库环境设置

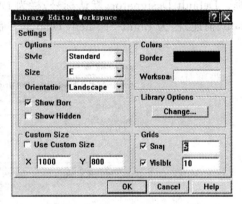

图 4-11　优选项对话框　　　　　图 4-12　文档选项对话框

步骤2：执行 Options→Document Options 菜单命令，在弹出的对话框中将捕获栅格 Snap 值从默认值 10 改为 5，如图 4-12 所示，以便绘制"日"形图案。

步骤3：单击绘图工具栏中的按钮 ╱，在前面绘制的矩形框中画"日"形图案，并将直线的线宽 Line Width 改为 Medium（中粗），如图 4-13 所示。

步骤4：单击绘图工具栏中的按钮 ▣，矩形大小、边框颜色、填充颜色可参照图 4-14 设置。放置小数点后，如图 4-15 所示。

步骤5：单击绘图工具栏中的按钮 T，在"日"形图案旁放置注释文字 a～g、dp、DPY_8，如图 4-16 所示。

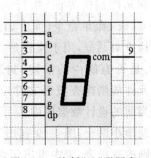

图 4-13　绘制"日"形图案

图 4-14　绘制小数点的矩形设置

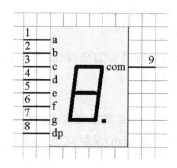

图 4-15　放置小数点

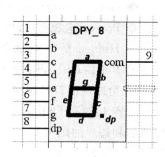

图 4-16　放置注释文字

6）定义原理图符号的属性

定义原理图符号的属性，主要包括添加该原理图符号默认序号、注释和默认的元件封装等。

单击元件管理器的 Description 按钮，系统弹出如图 4-17 所示的元件文本设置对话框。Default Designator（默认标号）栏为 DS?，Footprint（元件封装）栏为 LED_8，Description（描述）栏为 Eight-Segment Display。最后单击 OK 按钮。

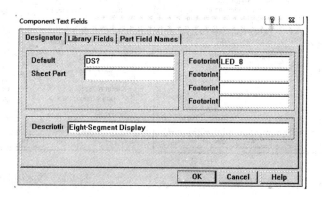

图 4-17　元件文本设置对话框

7）元件规则检查

在元件编辑界面，执行 Report→Component Rule Check 菜单命令，弹出如图 4-18 所示的元件规则检查对话框，用于检查是否有重复的元件名、管脚，是否有缺少的描述、封装、管脚名、管脚号等。元件规则检查报表文件以 .err 为扩展名，保存在当前的设计数据库中。

助学小贴士：图 4-19 列出了上述 LED_8 的元件规则检查报表，表中指出了两个错误：有重复的9 号管脚和遗漏了管脚 7、8。将错误改正后保存。

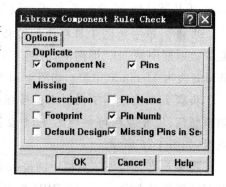

图 4-18　元件规则检查对话框

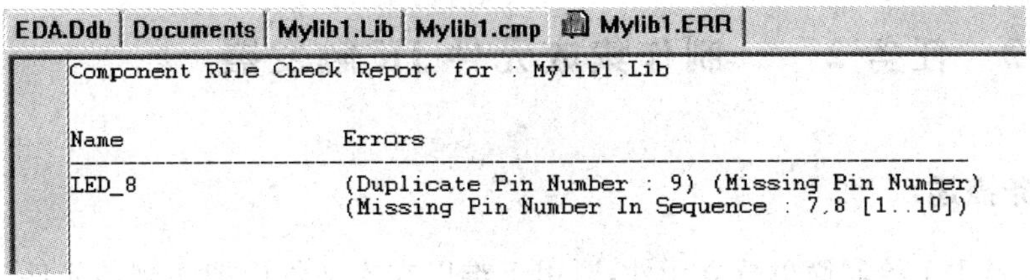

```
EDA.Ddb | Documents | Mylib1.Lib | Mylib1.cmp | Mylib1.ERR |
Component Rule Check Report for : Mylib1.Lib

Name                 Errors
_____
LED_8                (Duplicate Pin Number : 9) (Missing Pin Number)
                     (Missing Pin Number In Sequence : 7,8 [1..10])
```

图 4-19 元件规则检查报表

8）保存

执行 File→Save 菜单命令，或单击主工具条上的文件保存按钮。

☞**上交作品**

将作品的打印件粘贴在以下位置。

教学效果评价

教学效果评价	学生评教	学生对该课的评语：		
		整体感觉		
			很满意□ 满意□ 一般□ 不满意□ 很差□	
	教师评学	过程考核情况		
		结果考核情况		
		评价等级		
			优□ 良□ 中□ 及格□ 不及格□	

4.2.2 任务2——制作集成元件JK触发器

1. 任务描述

任务1是手工绘制简单分立元件,适用于难以在库文件中搜索到的元件。对于管脚较多的集成元件,标准元件库中有相似的原型,考虑到绘图效果及管脚属性等问题,需要对标准库文件进行修改。

本任务要求修订\Program Files\Design Explorer 99 SE\Library\Sch\Sim. ddb\74××. lib库中的74F112,绘制如图 4-20 所示的 JK 触发器,掌握集成元件的修订方法。其中,8 号、16 号管脚设置为隐藏。

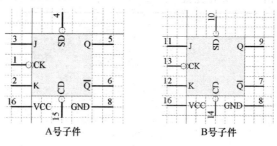

图 4-20　JK 触发器

2. 任务实施

1)打开或新建 . lib 文件

方法一:直接修改标准元件库 Sim. ddb\74××. lib 文件中的74F112并保存。

在原理图环境下加载元件库 Sim. ddb,然后选择 74××. lib 系列下的74F112元件,再单击 Edit 按钮,如图4-21所示;或者直接选择存放元件库的路径\Program Files\Design Explorer 99 SE\Library\Sch\Sim. ddb,如图 4-22 所示。

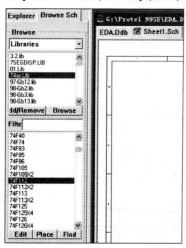

图 4-21　浏览 74××. lib 库

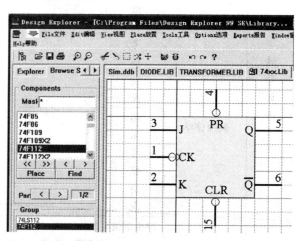

图 4-22　文件库 Sim. ddb 中的 74F112

助学小贴士：采用该方法，会丢失原来库文件中元件的外观和管脚属性，不建议使用。

方法二：生成原理图中所有元件的方案库，在方案库中修改元件。

将74F112元件放置到原理图上，然后执行 Design→Make Project Library，菜单命令，如图4-23所示，生成的方案库如图4-24所示。在方案库中修改元件属性后，单击 Update Schematics 按钮，更新原理图中的元件。

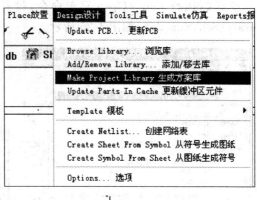

图4-23　生成方案库

助学小贴士：

(1) 生成的方案库名和原理图名一致。

(2) Group（元件集）选项区域中列出的元件均与 74F112 有相同的外形，例如 74LS112。

① Add 按钮：在元件集中增加一个新元件，新增元件除了名称不同，与 Group 内所有元件的外形完全相同。

② Del 按钮：删除 Group 内的元件，同时将其从元件库中删除。

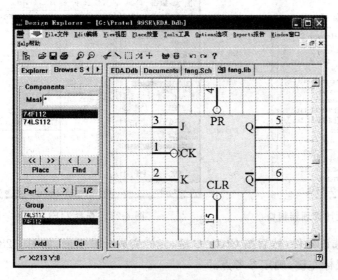

图4-24　方案库中的74F112

方法三：将元件库中的元件复制到新建的 .lib 文件中，修改后保存。

步骤1：在任务1建立的 Mylib1. lib 中，执行 Tools→New Component 菜单命令，在弹出的新元件名对话框的 Name 框内输入新元件名 JK TIGGER，然后单击 OK 按钮，进入新元件编辑状态。

步骤 2：执行 File→Open 菜单命令，打开\Program Files\Design Explorer 99 SE\Library\Sch\Sim.ddb，如图 4-25 所示。

图 4-25　打开 Sim.ddb 数据库

步骤 3：查看设计管理器，单击 74××.Lib 文件，如图 4-26 所示。将设计管理器窗口切换到 Browse SchLib 标签页，选择 74LS112 或者 74F112，如图 4-27 所示。

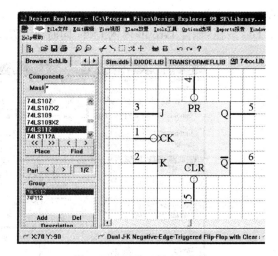

图 4-26　设计管理器窗口　　　　　　图 4-27　查看 74F112 文件

步骤 4：全选该元件，然后按 Ctrl＋C 键，光标变成"十"字形，如图 4-28 所示。在选中的元件上单击鼠标左键，确定参考点。

步骤 5：通过设计管理器，回到 Mylib1.Lib 中的 JK TIGGER，按 Ctrl＋V 键，在适当位置单击鼠标左键，完成粘贴，如图 4-29 所示。

步骤 6：执行 Tools→New Part 菜单命令，生成空白编辑区域，part 显示为 2/2，表示当前显示的是第二个子件，如图 4-30 所示。重复步骤 3，在图 4-27 中单击按钮 ＞ ，重复步骤 4、步骤 5，复制粘贴第二个子件后，如图 4-31 所示。

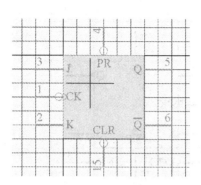

图 4-28 复制 74F112

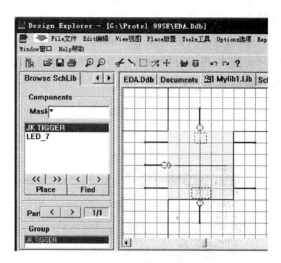

图 4-29 粘贴 JK 触发器

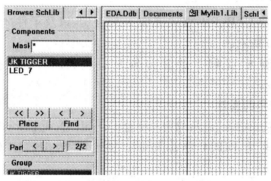

图 4-30 新建子件

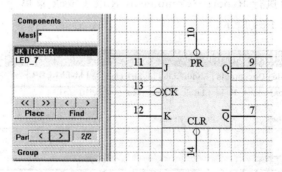

图 4-31 粘贴第二个子件

助学小贴士：

（1）该方法虽然较烦琐，但是用户可以创建自己的元件库，不会丢失原来库文件中元件的外观和管脚属性。推荐此法。

（2）复制、粘贴仅限于在同一个 Design Explorer 窗口下，无法在多个 Design Explorer窗口间切换复制、粘贴，因此必须执行 File→Open 菜单命令，打开需要复制的文件。

2）修改元件的外观和管脚属性

步骤1：将设计管理器下方的隐藏管脚选项 Hidden Pins 打开，如图 4-32 所示。显示出隐藏的管脚，如图 4-33 所示。

图 4-32　打开隐藏管脚

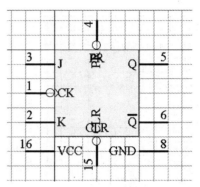

图 4-33　显示隐藏管脚

步骤2：删除字符串 CLR、PR，修改管脚 4、管脚 15 以及子件 2/2 中的管脚 10、管脚14，元件外观如图 4-20 所示。

助学小贴士：管脚 6、管脚 7 的管脚名为 Q\，表示 $\overline{Q}$。如果要表示 $\overline{RST}$，可写成 R\S\T\。

3）定义原理图符号的属性

单击元件管理器的 Description 按钮，设置 Default Designator（默认标号）栏为 U?，Footprint（元件封装）栏为 DIP14，Description（描述）栏为 JK TIGGER。然后单击 OK按钮。

4）元件规则检查

在元件编辑界面执行 Report→Component Rule Check 菜单命令，进行元件规则检查。检查无误应如图 4-34 所示。

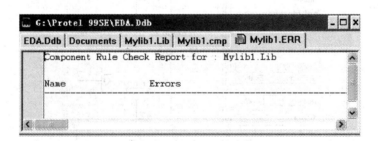

图 4-34　元件规则检查报表

助学小贴士：在元件编辑界面执行 Report→Component 菜单命令，生成以 .cmp 为扩展名的文件报表，如图 4-35 所示。

5）保存

执行 File→Save 菜单命令，或单击主工具条上的文件保存按钮。

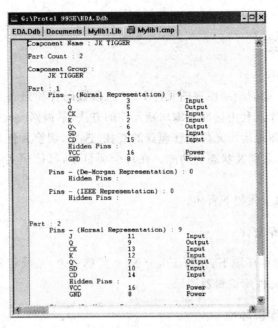

图 4-35 元件报表信息

☞ **上交作品**

将作品的打印件粘贴在以下位置。

教学效果评价

	学生评教		学生对该课的评语：
教学效果评价			整体感觉
			很满意□　满意□　一般□　不满意□　很差□
	教师评学	过程考核情况	
		结果考核情况	
		评价等级	
			优□　良□　中□　及格□　不及格□

4.3　本章总结

本章主要介绍了如何绘制原理图元件 LED 八段数码管和集成元件 74F112(JK 触发器)。要求学会新建库及利用标准库添加新元件的方法,掌握修改元件管脚属性和生成有关元件报表的方法,熟练运用元件库管理器的查找、选择、切换元件显示模式以及列出当前工作中元件的管脚名称及状态等功能。在每个项目中,都按照实际设计过程介绍操作方法及技能。

手工绘制元件的步骤如下所述。

1. 新建原理图库文件

在当前设计管理器环境下,执行 File→New 菜单命令,系统将显示"新建文件"对话框,从中选择原理图元件库编辑器图标。

2. 建立新元件编辑环境

在 Mylib1.lib 元件编辑器中,执行 Tools→Rename Component 菜单命令,在弹出的新元件名对话框内输入新元件名 LED_8,单击 OK 按钮,进入新元件编辑状态。

3. 绘制元件外观

单击元件绘图工具栏上的画矩形、管脚、标注等按钮,绘制需要的元件外观。

4. 修改管脚属性

双击管脚,可修改管脚属性。

5. 给原理图符号添加注释

设置元件库环境,以便绘制图形。单击绘图工具栏中的直线、矩形、文字注释等按钮,绘制最终的元件图形。

6. 定义原理图符号的属性

单击元件管理器的 Description 按钮,填写 Default Designator(默认标号)栏、Footprint(元件封装)栏和 Description(描述)栏。

7. 元件规则检查

在元件编辑界面上,执行 Report→Component Rule Check 菜单命令,检查是否有重复的元件名、管脚,是否有缺少的描述、封装、管脚名、管脚号等。

8. 保存

执行 File→Save 菜单命令，或单击主工具条上的文件保存按钮。

习题

1. 将自制的元件符号应用到原理图中，怎样操作？

2. 元件为 Matsushita 公司的 NC4D-P 继电器。一般类型的继电器通常由线圈和一组或多组触点组成。Protel 99 SE 提供了多组继电器原理图符号，但是没有提供与图4-36所示完全相符的继电器符号。下面利用已有符号创建 NC4D-P 继电器的原理图符号。

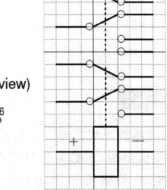

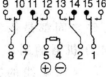

图 4-36 继电器元件图

3. 在 Protel DOS Schematics 标准库 8031 文件的基础上，创建如图 4-37 所示的 8031。

1	P1.0	VCC	40
2	P1.1	P0.0	39
3	P1.2	P0.1	38
4	P1.3	P0.2	37
5	P1.4	P0.3	36
6	P1.5	P0.4	35
7	P1.6	P0.5	34
8	P1.7	P0.6	33
9	RST/VPD	P0.7	32
10	PXD P3.0	$\overline{EA}$/VPP	31
11	TXD P3.1	ALE/$\overline{PROG}$	30
12	$\overline{INT0}$ P3.2	$\overline{PSEN}$	29
13	$\overline{INT1}$ P3.3	P2.7	28
14	T0 P3.4	P2.6	27
15	T1 P3.5	P2.5	26
16	$\overline{WR}$ P3.6	P2.4	25
17	$\overline{RD}$ P3.7	P2.3	24
18	XTAL2	P2.2	23
19	XTAL1	P2.1	22
20	VSS	P2.0	21

（8751 8051 8031 / 8051引脚排列图）

图 4-37 自定义的 8031 管脚图

第5章

PCB电路板设计

教学导入

　　在印制电路板出现之前,电子元件之间都是依靠电线直接连接而组成完整的线路。20世纪初,人们为了简化电子机器的制作,减少电子零件间的配线,降低制作成本,开始钻研以印刷的方式取代配线的方法,形成了早期的印制电路板。

　　印制电路板又称印刷电路板,是电子元件电气连接的提供者。采用电路板的主要优点是减少了布线和装配的差错,提高了自动化水平和劳动生产率。

　　印制电路板的设计以电路原理图为根据,实现电路设计者所需的功能。印刷电路板设计主要指版图设计,需要考虑外部连接的布局,内部电子元件的优化布局,金属连线和通孔的优化布局,以及电磁保护和热耗散等各种因素。优秀的版图设计可以节约生产成本,获得良好的电路性能和散热性能。简单的版图设计可以用手工实现,复杂的版图设计需要借助计算机辅助设计(CAD)实现。

　　本章主要介绍用PCB设计软件Protel设计印制电路板的方法及步骤。通过本章的学习,应掌握以下基本技能:

　　◆ PCB编辑器的各项功能;

　　◆ PCB的手工绘制;

　　◆ PCB的自动化设计;

　　◆ DRC规则检查。

5.1 项目描述

本项目的主要内容是：通过直流稳压电源单面板设计和无线通信系统电路双面板设计，掌握 PCB 设计的基础知识和 PCB 设计过程中相关参数设置、电路板大小和层次规划、PCB 各种工具的使用和操作技巧、装载元件和放置元件、PCB 手工布局、手工布线、自动布局、自动布线、各种规则设置和印制电路板输出、PCB 设计过程等内容。

5.2 项目剖析

5.2.1 任务 1——直流稳压电源的制作

1. 任务描述

印制电路板设计分为手工设计和自动化设计。手工设计 PCB 是指用户直接在 PCB 中根据电路原理图完成手工放置、焊盘、过孔等，并进行线路连接操作。手工设计的 PCB 比较合理和美观，完成简单的电路设计工作量较小。

本项目要求用手工设计直流稳压电源电路的单面 PCB 版，如图 5-1 所示。PCB 的电气边界为 3700mil×1200mil，线宽为 40mil。

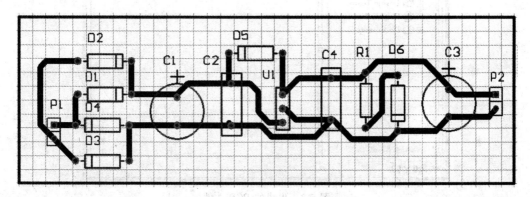

图 5-1　直流稳压电源 PCB 图

2. 任务实施

1）新建 PCB 文件

步骤 1：新建一个设计数据库，命名为电源.ddb。打开数据库，启动数据库编辑器，然后双击编辑区 Document 图标，打开 Document 文件夹。

步骤 2：执行 File→New 菜单命令，在弹出的 New Document 对话框中双击 PCB Document 图标，如图 5-2 所示。

步骤3：单击 OK 按钮，在当前文件夹创建一个默认名为 PCB1.PCB 的文件，如图 5-3 所示。

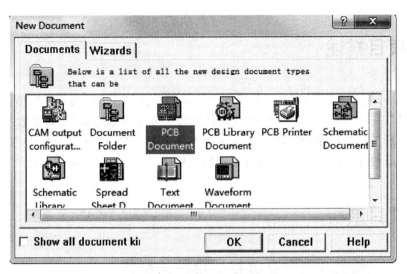

图 5-2　新建文档对话框

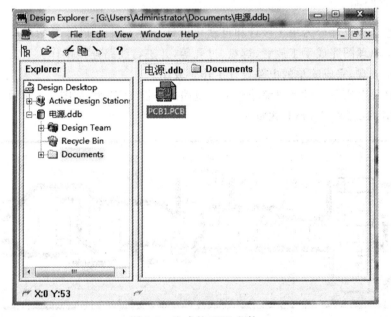

图 5-3　生成的 PCB 文件

步骤 4：双击打开 PCB 设计文档，同时进入 PCB 设计环境。

实践技巧：在步骤 3 中，单击名称可以修改 PCB 文档名。

2）规划电路板

规划电路板主要定义印制板的机械轮廓和电气轮廓。在一般的电路设计中，仅规划
PCB 的电气轮廓。

步骤 1：设置参数度量单位和栅格等参数。执行 Design→Options 菜单命令，在弹出
的对话框中，选中 Layer 选项卡的 Visible Grid，并将单位设为 100mil，如图 5-4 所示。

步骤 2：切换工作层。用鼠标单击编辑区下方的标签，将当前工作层设置为 Keepout

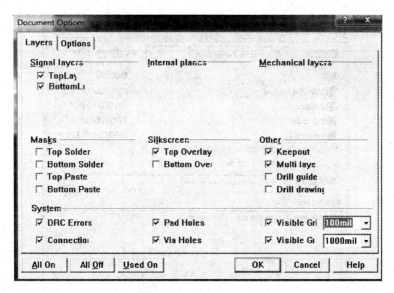

图 5-4　Options 对话框

Layer。

步骤 3：设置原点。执行 Origin→Set 菜单命令，光标呈现"十"字状。移动光标到编辑区的适当位置，单击鼠标左键，确定相对原点。

步骤 4：执行 Place→Line 菜单命令放置连线。将光标移动到原点处单击鼠标左键，确定第一条边的起点；沿水平方向将光标移动到适当位置（X 坐标为 3700mil），再次双击鼠标左键，定下第一条边的终点。

步骤 5：采用同样的方法继续画线，绘制一个尺寸为 3700mil×1200mil 的闭合边框。完成的电路板边框如图 5-5 所示。

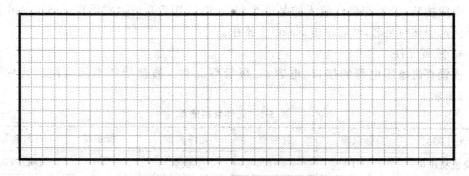

图 5-5　绘制完成的电路板边框

实践技巧：在画线命令状态下，单击 Tab 键，弹出 Line Constraints 对话框，用于设置板边的线宽和工作层，并且可以精确定位。

3）加载、卸载元件封装库

在进行 PCB 设计时，必须规划好元件所在的元件库，才能从相应元件库中选取元件。

步骤 1：执行 Design→Add/Remove Library 菜单命令，弹出如图 5-6 所示的加载/卸载元件封装库对话框。

图 5-6　加载/卸载元件封装库对话框

步骤 2：在"查找范围"选项框的 Generic Footprints 文件夹中找到 Advpcb. ddb 元件封装库。

步骤 3：选中 Advpcb. ddb，然后单击 Add 按钮，或直接双击 Advpcb. ddb 文件，即可装入 PCB Footprints. lib 元件封装库。

步骤 4：单击 OK 按钮，完成操作。

实践技巧：若要卸载已装入的某一个封装库，在图 5-6 所示对话框的 Selected Files 编辑区选中该封装名，然后单击 Remove 按钮。

4）放置元件

放置直流稳压电源的接口、电容、二极管等元件。直流稳压电源电路的元件表如表 5-1 所示。

表 5-1　元件材料清单

元件类型	标识符	封装号	元件类型	标识符	封装号
集成稳压块	U1	TO-126	二极管	D1	DIODE0. 4
电容	C2	RAD0. 3	二极管	D2	DIODE0. 4
电容	C4	RAD0. 3	二极管	D3	DIODE0. 4
电解电容	C1	RB. 2/. 4	二极管	D4	DIODE0. 4
电解电容	C3	RB. 2/. 4	二极管	D5	DIODE0. 4
发光二极管	D6	DIODE0. 4	接口	P1	SIP2
电阻	R1	AXIAL0. 4	接口 2	P2	SIP2

步骤 1：单击工具栏按钮，或执行 Place→Component 菜单命令，系统将弹出放置元件封装对话框，如图 5-7 所示。

步骤 2：在元件封装对话框中，如图 5-7 所示，输入元件封装名、标号和注释（通常不输入）。

步骤 3：单击 OK 按钮，元件封装出现在编辑区。移动元件到合适的位置，单击鼠标左键，则接口 P1 封装被放置在编辑区，如图 5-8 所示。

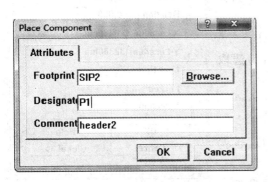

图 5-7　放置元件封装对话框

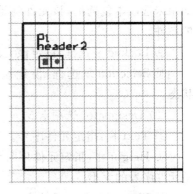

图 5-8　放置接口的电路板

步骤 4：用同样的方法放置图 5-1 所示电路中对应的所有元件封装，如图 5-9 所示。

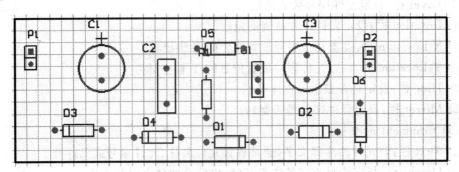

图 5-9　元件放置完毕后的电路板

5）编辑元件封装属性

根据实际需要修改元件封装属性，主要包括标识符（如 Designator）、注释、方向等。要修改某元件的封装属性，双击该元件封装图形，或者选中元件封装，再按 Tab 键，弹出如图 5-10 所示的属性设置对话框。可以根据实际需要进行修改，然后单击 OK 按钮。

小贴士：图 5-10 所示对话框中各参数说明如下。

（1）Properties 选项卡。

① Designator 栏：设置元件序号。

② Comment 栏：指定元件的名称或对该元件注释、说明。

③ Footprint 栏：指定元件封装的名称，也就是该元件在元件库里的名称。只要改变本栏里的名称，就可以改变选用的元件。

④ Layer 栏：设定元件将放置在电路板的哪一层上。

⑤ Rotation 栏:设定元件的放置角度。

⑥ X-Location 栏:设置确定元件位置的 X 轴坐标。

⑦ Y-Location 栏:设置确定元件位置的 Y 轴坐标。

⑧ Lock Prims 复选框:设定该元件是否为单一图件。如果选取本复选框,该元件将为单一图件;如果未选取本复选框,该元件将被分解为多个独立的图件。

⑨ Locked 复选框:设定该元件是否锁住。

⑩ Selection 复选框:设定该元件是否为选取状态。

（2）Designator 选项卡。

① Text 栏:指定元件序号。

② Height 栏:指定元件序号的文字高度,也就是元件序号的大小。

③ Width 栏:指定元件序号字符笔画的粗细。

④ Font 栏:设定元件序号的字形。

⑤ Layer 栏:设定元件序号放置的板层。

⑥ Rotation 栏:设定元件序号放置的角度。

⑦ X-Location 栏:设置元件序号放置位置的 X 轴坐标。

⑧ Y-Location 栏:设置元件序号放置位置的 Y 轴坐标。

⑨ Hide 栏:设定是否显示元件序号。

⑩ Mirror 栏:设定元件序号是否翻转。

（3）Comment 选项卡。

① Text 栏:该元件的注释文字,通常放置元件名称、元件编号或元件值。

② Height 栏:指定注释文字的文字高度,也就是注释文字的大小。

③ Width 栏:指定注释文字字符笔画的粗细。

④ Font 栏:设定注释文字的字形。

⑤ Layer 栏:设定注释文字放置的板层。

⑥ Rotation 栏:设定注释文字放置的角度。

⑦ X-Location 栏:设置注释文字放置位置的 X 轴坐标。

⑧ Y-Location 栏:设置注释文字放置位置的 Y 轴坐标。

⑨ Hide 栏:设定是否显示注释文字。

⑩ Mirror 栏:设定注释文字是否翻转。

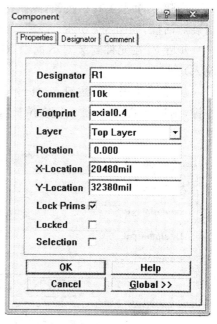

图 5-10　元件封装属性对话框

6）手工调整布局

调整布局实际上就是调整元件封装位置,而调整布局是为了布线。

步骤 1:手工移动元件。

方法一:用鼠标拖动。将光标移到元件上,按住鼠标左键不放,将该元件拖动到目标位置,松开左键,实现元件的移动。

方法二:执行 Edit→Move→Drag 菜单命令,光标变为"十"字状。将光标移到需要移动的元件处,单击该元件,即可将其移到目标位置处。单击鼠标左键,放置该元件。

步骤 2:旋转元件方向。用光标选中元件,按住鼠标左键不放,同时按 X 键实现水平翻转;按 Y 键实现垂直翻转;按空格键实现旋转。

调整结束后,电路板如图 5-11 所示。

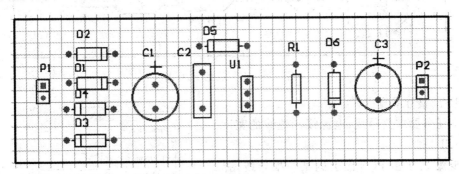

图 5-11 完成布局的电路板

7) 手工布线

下面以 C1 的第 1 号焊盘到 C2 的第 2 号焊盘的连线为例,说明布线的步骤。

步骤 1:切换工作层。单面板只有一面有印制导线,印制导线一般画在底层(Bottom Layer)。

步骤 2:执行 Place→Interactive Routing 菜单命令,或单击放置工具栏的按钮 ,启动交互式布线命令。

步骤 3:移动光标到 C1 的第 1 号焊盘,单击鼠标左键,定下印制导线的起点,如图 5-12 所示。

步骤 4:移动光标,拉出一条线,此时单击空格键,改变走线的方向。若需要转弯,在转弯处单击鼠标左键一次。

实践技巧:在绘制导线的过程中,按 Shift+空格键,可改变走线的模式。

步骤 5:继续移动光标到 C2 的第 2 号焊盘上,双击鼠标左键,定下一条印制导线,如图 5-13 所示。

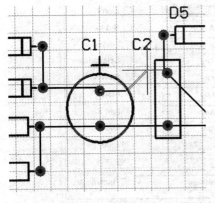

图 5-12 布线起点

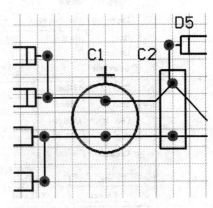

图 5-13 布线终点

采用同样的方法,完成其他印制导线。布线完成后,如图 5-14 所示。

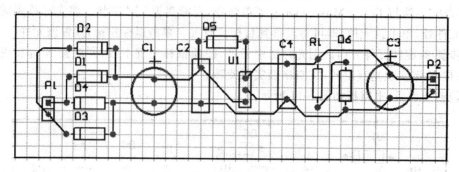

图 5-14　布好线的 PCB 图

8) 调整导线宽度

本任务要求信号线、电源线和地线的宽度为 40mil。

步骤 1:单击 PCB 图上的某一根导线,弹出如图 5-15 所示的导线属性对话框。

步骤 2:在 Width 框中输入 40mil,然后单击 Global 按钮,系统弹出如图 5-16 所示的整体属性对话框。按图中所示进行设置。

步骤 3:单击 OK 按钮,弹出确认对话框,单击 Yes 按钮。

9) 保存

执行菜单命令 File→Save All,或单击主工具条上的文件保存按钮。

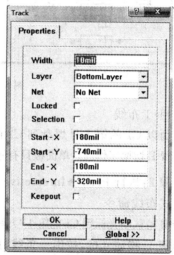

图 5-15　导线属性对话框

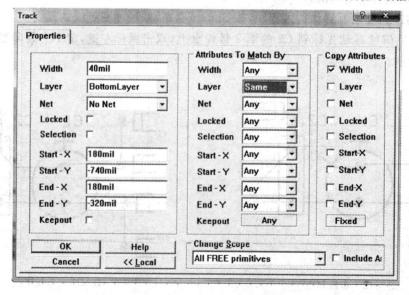

图 5-16　导线整体属性对话框

☞**上交作品**

将作品的打印件粘贴在以下位置。

（空白粘贴区域）

教学效果评价

教学效果评价	学生评教	学生对该课的评语：				
		整体感觉				
		很满意□ 满意□ 一般□ 不满意□ 很差□				
	教师评学	过程考核情况				
		结果考核情况				
		评价等级				
		优□ 良□ 中□ 及格□ 不及格□				

5.2.2 任务2——无线通信系统电路的制作

1. 任务描述

任务1完成了PCB的手工设计,这种方法适合原理图较简单的情况。当原理图较复杂时,就要考虑采用自动化设计方法。PCB设计的自动化是原理图绘制、板框规划、元件布局、规则定义和铜膜走线等全过程由计算机自动完成。

本项目要求用自动化的方法设计无线通信系统电路(原理图如图5-17所示)的双面PCB板,如图5-18所示。PCB的电气边界为2200mil×1600mil,电源线和地线线宽为40mil,其余线为12mil。无线通信系统电路的元件表如表5-2所示。

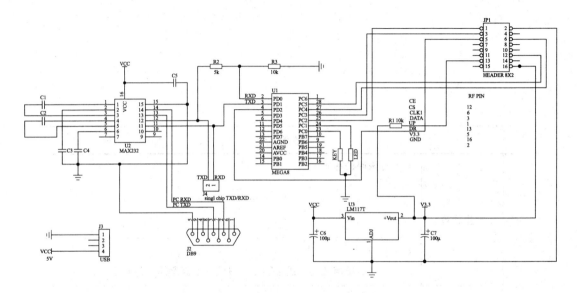

图 5-17　无线通信系统的电路原理图

表 5-2　无线通信系统的材料清单

元件类型	标识符	封装号	元件类型	标识符	封装号
电阻	R2	AXIAL0.4	USB 接口	J3	USB
电阻	R1	AXIAL0.4	无线通信模块	J4	SIP2
电阻	R3	AXIAL0.4	16 针接口	JP1	IDC16
电解电容	C7	RB0.1/0.4	MAX232	U2	DIP16
电解电容	C6	RB0.1/0.4	MEGA8	U1	DIP-28
DB9 接口	J2	J_B2012858F	LM117T	U3	TO-126

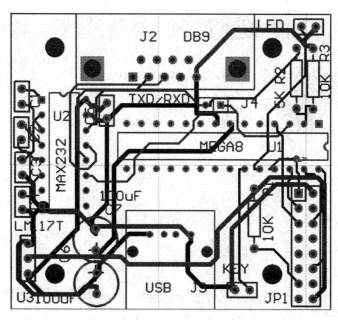

图 5-18　无线通信系统的 PCB

2. 任务实施

1）准备原理图和网络表

步骤 1：利用前述项目技能完成无线通信系统的原理图，如图 5-17 所示。

步骤 2：执行 Design→Create Netlist 菜单命令，生成网络表文档。

2）利用向导生成 PCB 文件

步骤 1：启动 PCB 向导。执行 File→New 菜单命令，在弹出的如图 5-19 所示的对话

框中切换至 Wizards 选项卡。双击 ![icon]　图标；或是单击图标后，再单击对话框下方的 OK

按钮，启动 PCB 向导，弹出如图 5-20 所示欢迎界面。

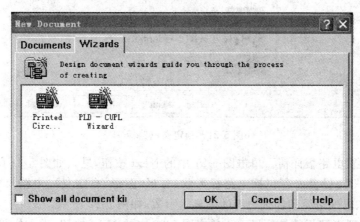

图 5-19　Wizards 选项卡

图 5-20　Wizards 欢迎界面

步骤 2:选择测量单位和 PCB 类型。单击图 5-20 中的 Next 按钮,进入如图 5-21 所示的预定义电路板对话框。选择单位 Imperial(英制),样板类型 Custom Made Board。

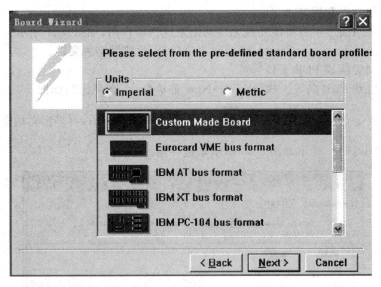

图 5-21　预定义电路板

步骤 3:设置电路板详情。单击图 5-21 中的 Next 按钮,进入如图 5-22 所示的自定义参数设置对话框。设置内容包括电路板形状(方形、圆形、自定义)、电路尺寸(及物理边界)、导线宽度、电气边界和物理边界的距离等参数,如图 5-22 所示。

步骤 4:设置电路板的轮廓尺寸。单击图 5-22 中的 Next 按钮,进入如图 5-23 所示电路板轮廓尺寸对话框,设置电路板的尺寸。

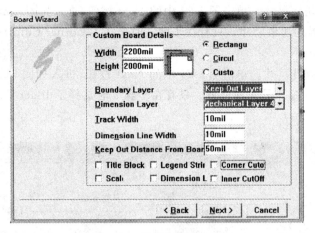

图 5-22 设置电路板参数

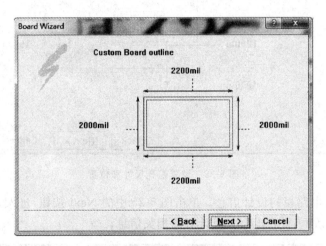

图 5-23 设置电路板轮廓

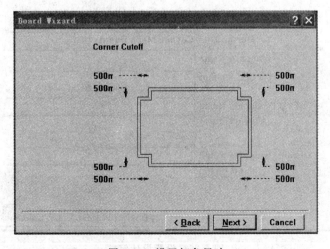

图 5-24 设置切角尺寸

步骤5：设置切角尺寸。单击图5-23中的Next按钮，进入如图5-24所示对话框。在其中设置矩形边界的切角尺寸。只有在步骤3时选择了Corner Cutoff复选框，才会有这一步。

步骤6：设置挖孔尺寸。单击图5-24中的Next按钮，进入如图5-25所示的对话框。在其中设置PCB的挖孔尺寸和位置。只有在步骤3时选择了Inner Cutoff复选框，才会有这一步。

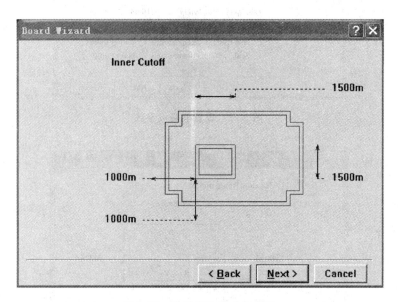

图5-25　设置挖孔尺寸和位置

步骤7：设置电路板的设计信息。单击图5-25中的Next按钮，进入如图5-26所示电路板板层设置对话框，设置电路板设计者的相关信息。

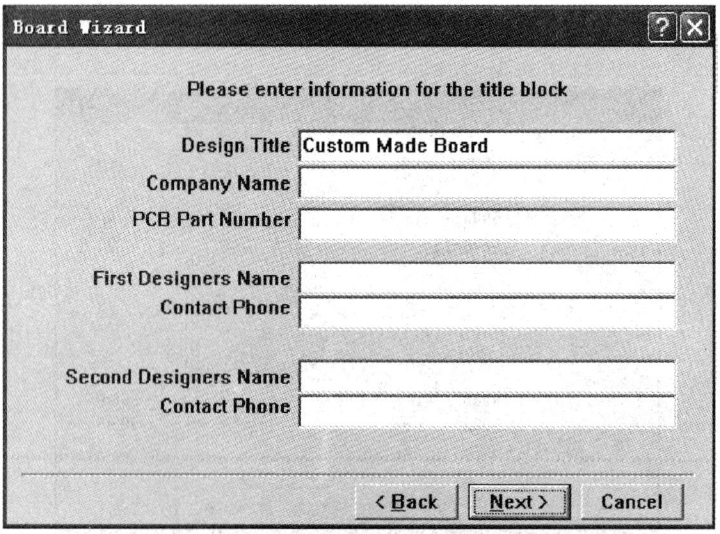

图5-26　设置设计信息

步骤 8：设置电路板板层。单击图 5-26 中的 Next 按钮，进入如图 5-27 所示的电路板板层设置对话框，选择双面、四层、六层或八层。本任务选择第一项 Two Layer-Plated Through Hole 和 None。

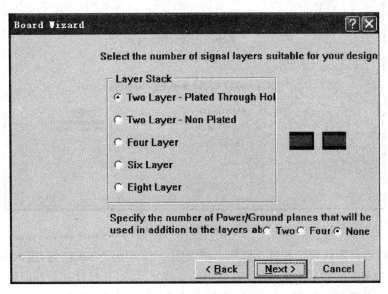

图 5-27　设置电路板板层

步骤 9：选择过孔类型。单击图 5-27 中的 Next 按钮，进入如图 5-28 所示的过孔类型对话框，设置过孔类型（通孔或盲孔）。双层板只能是通孔。

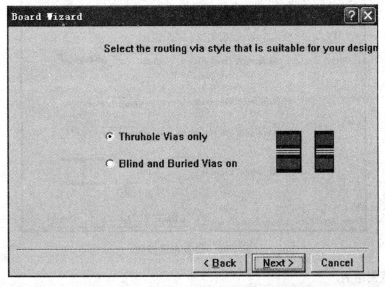

图 5-28　设置过孔类型

步骤 10：设置元件和布线逻辑。单击图 5-28 中的 Next 按钮，进入如图 5-29 所示的元件和布线逻辑对话框。此时可以选择布线逻辑，也可以选择使用的元件类型（表贴式或插孔式）。

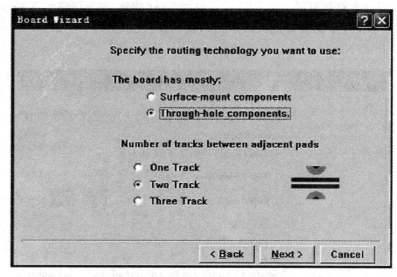

图 5-29　设置元件和布线逻辑

步骤 11:选择默认导线和过孔尺寸。单击图 5-29 中的 Next 按钮,进入如图 5-30 所示的导线和过孔尺寸设置对话框,设置最小的导线尺寸、过孔尺寸和导线间距。

步骤 12:电路板向导完成。单击图 5-30 中的 Next 按钮,进入向导完成界面。单击 Finish 按钮,完成创建 PCB 文件,如图 5-31 所示。

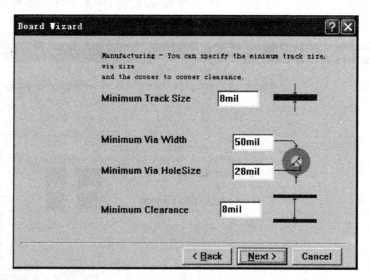

图 5-30　设置布线参数

3）加载网络表

加载网络表的过程实际上是将原理图的信息转换到 PCB 设计系统中去。

步骤 1:执行 Design→Load Nets 菜单命令,系统弹出如图 5-32 所示的加载网络表对话框。

步骤 2:单击图 5-32 所示对话框中的 Browse 按钮,系统将弹出如图 5-33 所示的网络

图 5-31 创建好的 PCB

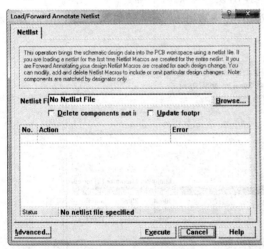
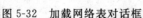

图 5-32 加载网络表对话框

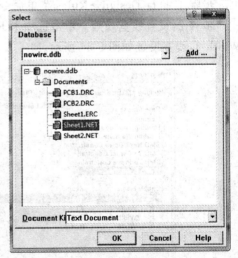

图 5-33 网络表文件选择对话框

表文件选择对话框,从中选取目标网络表文件。

步骤 3:单击 OK 按钮,完成网络表文件加载。

4)自动布局

步骤 1:分组自动布局。执行 Tools→Component Placement→Auto Placer 菜单命令,弹出如图 5-34 所示的对话框。选择 Cluster Placer(分组布局),系统将根据连接关系将元件分成组,然后以几何方式放置元件。

步骤 2：手工调整。自动布局后，一般元件还是比较凌乱，需要用手工调整，如图 5-35 所示。

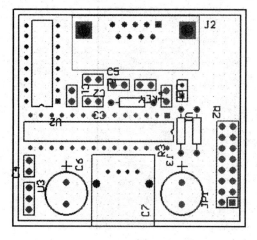

图 5-34　完成自动布局的电路板

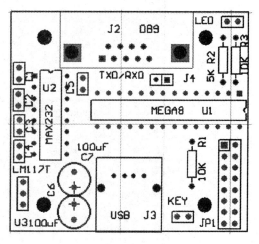

图 5-35　调整后的电路板

5）设置布线规则

要求：设置电源线、地线宽度为 40mil，信号线宽为 12mil；双面布线；45°转角；其他规则选用默认设置。

步骤 1：执行 Design→Rules 菜单命令，弹出设计规则对话框。

步骤 2：设置线宽规则。单击选项卡 Routing→Width，新建规则 Width 1、Width 2 和 Width 3，线宽设置如图 5-36 所示。

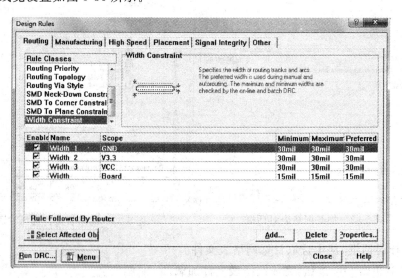

图 5-36　设置线宽对话框

步骤 3：设置布线层规则。单击 Routing→RoutingLayer，在 Rule Attributes 栏中选择 Bottom Layer 和 Top Layer，双面布线，如图 5-37 所示。

步骤 4：设置布线拐角模式。执行 Routing→Routing Conners 菜单命令，设置拐弯方

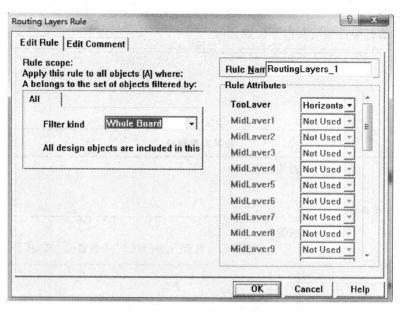

图 5-37 设置布线层规则对话框

式为 45°转角。

6）自动布线

把 PCB 图中的飞线变为导线，实现真正的电气连接。

步骤 1：预布线。执行 Auto Route→Net 菜单命令，光标变为"十"字状。单击 GND 网络中的任何焊盘或者飞线，系统自动对 GND 网络布线；用同样的方法完成电源线的布置，结果如图 5-38 所示。

步骤 2：自动布其余信号线。执行 Auto Route→All 菜单命令，在弹出的自动布线器设置对话框中勾选"锁定全部预布线"，然后单击 Route All 按钮，启动自动布线，结果如图 5-39 所示。

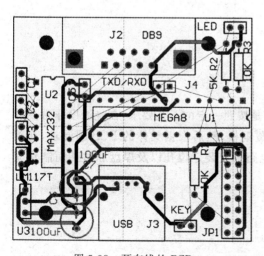

图 5-38 预布线的 PCB

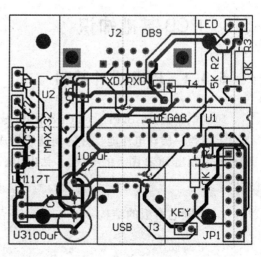

图 5-39 完成布线的 PCB

☞**上交作品**

将作品的打印件粘贴在以下位置。

教学效果评价

教 学 效 果 评 价	学生评教	学生对该课的评语：	
		整体感觉 很满意□　满意□　一般□　不满意□　很差□	
	教师评学	过 程 考 核 情 况	
		结 果 考 核 情 况	
		评价等级 优□　良□　中□　及格□　不及格□	

5.3　PCB 基础知识

5.3.1　PCB 设计基础

印刷电路板(PCB,Printed Circuit Board)是按照一定的工艺要求,在绝缘度非常高的基材上覆盖一层导电性能良好的铜薄膜构成覆铜板,然后根据具体的 PCB 图要求,在覆铜板上蚀刻出 PCB 图上的导线,并钻出印刷电路板安装定位孔以及焊盘和过孔而制作完成的。

1. 印刷电路板的结构

1) 单面板

单面板是指电路板一面铺铜,另一面没有铺铜的普通电路板。用户只能在铺铜的一面进行电路设计和放置元件。其特点是成本低,适用于比较简单的电路或元件分布密度不高的印制电路板,如一般的小型电子产品、小型家电产品电路等。

2)双面板

双面板是指两面都是覆铜的电路板。由顶层和底层构成。顶层(Top Layer)一般为元件面,用于放置元件;底层(Bottom Layer)一般为焊锡层面,用于焊接元件管脚。它适用于要求较高的电子设备,如计算机、电子仪表等。由于双面印制板的布线密度较高,所以减小了设备的体积。

3)多层板

多层印制板是由交替的导电图形层及绝缘材料层层黏合而成的一块印制电路板。它主要用于复杂的电路设计,如在微机中,主机板、显示卡等PCB采用4~6层电路板设计。多层板除了顶层和底层之外,还包含若干中间层、电源层和地线层。各层之间通过金属化过孔实现电气连接。图5-40所示为典型的四层板结构,包含顶层、底层和两个中间层。

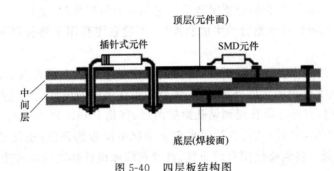

图 5-40　四层板结构图

2. PCB 常用术语

1)导线和飞线

(1)导线。电路板上布置的导线都是铜质的,称为铜膜导线,简称导线,用于传递各种电流信号。

(2)飞线。与印刷电路板设计相关的另外一种线叫飞线,其作用是指导实际线路布置,没有电气含义,也称预拉线。

导线与飞线的关系为:飞线指示导线的实际布置,导线实现飞线的意图。

2)焊盘和过孔

焊盘的主要作用是通过管脚来固定元件,一般情况下,每个焊点对应一个管脚。在焊盘部位放置融化的焊锡和管脚,冷却后,焊锡凝结,将元件牢牢固定。Protel 99 SE 在封装库中给出了一系列不同形状和大小的焊盘,如圆形、方形和八角形等。根据元件封装类型,焊盘分为针脚式和表面贴片式两种。

过孔又称金属化孔,是在钻孔后的基材孔壁上淀积金属层,以实现不同导电层之间的电气连接。过孔有三种类型:贯穿整个电路板的穿透式过孔、从顶层至中间某层的盲过孔以及内层间的隐藏过孔。

3）板层（Layer）

所谓板层，就是在 Protel PCB 中可分层显示的电路板结构图。Protel 的"板层"不是虚拟的，而是印刷电路板材料本身实实在在的铜模层。各类板层有其专门的使用意义。如某些板层对应到电路板实体铜膜走线的分布图；某些板层负责提供实体数据给电路板制造机用；有些板层没有实际意义，纯粹是为了在电路板上刻写说明文字。

（1）信号层：最多 32 层，包括顶层板层、底层板层和 30 个中间板层。信号层通常用来定义 PCB 铜膜走线、焊点和导孔等具有实体铜膜意义的对象，所以是对应到实体电路板中最重要的板层。

（2）内层板层：最多 16 层，通常作为电源（VCC、VDD）和接地（GND）信号的板层。

（3）机械层：最多 16 层，通常用来表示在制造或组合时所需的标志，如尺寸线、对齐标记、数据标记、螺丝孔、组合指示和其他电路实体板指示。

（4）阻焊板层：有顶层和底层，是 Protel PCB 对应电路板文件中的焊点和导孔数据自动生成的板层，主要用于铺置防焊漆。

（5）锡膏板层：最多有底层和顶层两层。它和阻焊板层相似，也是 Protel PCB 对应电路板文件中的焊点和导孔数据自动生成的板层，不过它主要用于将标贴元件粘贴到电路板上。

（6）丝印层：共有顶层和底层两层，主要用于记录电路板上供人观看的信息。Protel PCB 自动将 PCB 文件内的元件外形符号、序号和批注字段的设置送入这些板层。

（7）钻孔板层：有钻孔导孔层和钻孔涂层两层，都是 Protel PCB 自动生成的板层。

（8）禁止布线层：只有一层，通常用来定义绘制电路板的板框，也就是规范元件布置与布线的合法区域。特别是使用自动布置、自动布线和设计规则检查等功能之前，一定先要定义好板框。

（9）多任务板层：只有一层，放置在该层中的对象在设计输出时将自动地附加到所有信号板层中。该板层最主要的用途是快速地将跨信号层的对象（尤其是焊点和导孔）一次就放置妥当。

4）元件封装

（1）电路图元件与电路板元件。电路图元件着重于元件的逻辑意义，不太注重实际的尺寸与外观，代表电气特性的部分就是管脚。管脚名称（和管脚序号）及元件序号是延续该元件电气意义的主要数据。

电路板的元件着重于元件实体，包括尺寸及相对位置；其承接电气特性的部分是焊盘名称（和焊盘序号）及元件序号。

换言之，电路图中的管脚名称（和管脚序号），转移到电路板中就是焊盘名称（或焊盘序号）；电路图中的元件序号，转移到电路板中就是相同的元件序号，如图 5-41 所示。

（2）元件封装的定义。元件封装是指在 Protel PCB 内用来描述一群根据实际元件包装尺寸而定义的焊点，另外附加一些属性和展示元件外观的符号。

① 元件图：由元件轮廓线组成，没有实际的电气含义。通常，元件图是画在顶层丝印层的图案，也有少数画在底层丝印层的，不影响真实走线。

② 焊盘：是元件的主要电气部分。焊盘相对于原理图元件的管脚，每个焊盘都有其

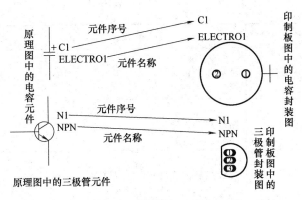

图 5-41　电路图元件与电路板元件

独立的焊盘标号,作为自动布线的依据。

③ 元件属性:包括元件序号(Designator)、元件名称(Comment)。这些文字都放在丝印层,可以显示,也可以不显示,其中的元件序号很重要。在同一块电路板中,元件序号不只不可或缺,而且不可重复。

(3) 元件封装的分类方式如下。

① 针脚式元件封装:是指元件管脚带有针脚形状,在焊接元件时,必须把元件的管脚插入焊盘导通孔,加上焊锡,通过焊锡连接元件管脚和焊盘。因为针脚式元件的管脚贯穿整个电路板的各个板层,因此在焊盘属性设置中,Layer 板层属性设置必须为 MultiLayer。

② 表面贴片式元件封装:是指元件管脚用焊锡粘贴在印刷电路板表面板层。因为表面贴片式元件的管脚仅仅作用于电路板的单一层面,所以在板层属性设置中,Layer 必须指定电路板的板层。

(4) 元件封装的命名。

元件封装的命名规则为:元件类型＋焊盘距离(焊盘数)＋元件外形。例如,DIP14 表示该元件为双列直插式,共有 14 个焊盘;AXIAL0.3 表示该元件为轴状,焊盘间距离300mil。常用元件的封装如表 5-3 所示。

表 5-3　常用元件的封装

元件封装型号	元件类型	元件封装图形
AXIAL0.3～AXIAL1.0	插针式电阻或无极性双端子元件等	①▭②
RAD0.1～RAD0.4	插针式无极性电容、电感等	① ②
RB.2/.4～RB.5/1.0	插针式电解电容等	∘∘＋
0402～7257	贴片电阻、电容等	①②

续表

元件封装型号	元件类型	元件封装图形
DIODE0.4～DIODE0.7	插针式二极管	
SO-X、SOJ-X、SOL-X	贴片双排元件	
TO-3～TO-220	插针式晶体管、FET 与 UJT	
DIP6～DIP64	双列直插式集成块	
SIP2～SIP20、FLY4	单列封装的元件或连接头	
IDC10～IDC50P、DBX 等	接插件、连接头等	
VR1～VR5	可变电阻器	

（5）网络和网络表。从一个元件的某一个管脚到其他元件管脚的电气连接关系称作网络。每一个网络均有唯一的名称。有的网络名是人为添加的，有的是计算机自动生成的。机器自动生成的网络名由该网络内两个连接点的管脚名构成。

网络表描述电路中的元件特征和电气连接关系，一般可以从电路原理图获取。它是电路原理图和 PCB 设计之间的纽带。

3. PCB 的设计方法

印制电路板设计的一般步骤如图 5-41 所示，分为以下几步。

1）原理图设计

利用原理图设计工具绘制电路原理图，并产生网络表。对于比较简单的电路设计，可不必绘制原理图，而直接进入 PCB 设计环境。

2）规划电路板

规划电路板主要是确定电路板的物理边界、电气边界、板层结构和布局要求等。

3）设置参数

参数设置包括工作层参数、PCB 编辑器工作参数、自动布局和布线参数等的设置。

4）加载网络表

网络表是自动布线的关键，是连接电路原理图和 PCB 图的桥梁。只有正确地加载网络表，才能对电路板进行自动布局和自动布线操作。

5）元件的布局

元件的布局包括自动布局和手工调整两个过程。Protel 99 SE 系统提供了自动布局功能。若自动布局结果不尽如人意，再进行手工调整，也可以采用手工布局。

6）布线规则的设置

系统根据网络表中的连接关系和设置的布线规则自动布线。布线规则设置包括导线线宽、平行线间距、过孔大小、导线与焊盘之间安全距离等的设置。

7）自动布线和手工调整

只要元件布局合理，布线参数设置得当，系统就完成自动布线。布线完成后，系统会给出布线成功率、所布导线总数以及花费时间的提示。也可以对自动布线的结果进行手工调整，如调整导线的走向、导线的粗细和标注字符等。

8）报表输出

Protel 99 SE 提供在 PCB 图中进行电路板设计的相关报表功能，如元件管脚报表、网络状态报表和电路板信息报表等。

9）文件的存盘和输出

完成 PCB 设计后，应保存文件，然后利用各种图形输出设备输出 PCB 图。

4. PCB 设计的一般原则

1）元件布局的一般原则

元件布局要求较多的是从机械结构、散热、电磁干扰、将来布线的方便性等方面综合考虑。元件布局的一般原则是：先布置与机械尺寸有关的器件，并锁定这些器件；然后是大的占位置的器件和电路等核心元件；再就是外围元件。下面简要介绍元件布局需要注意的问题。

（1）机械结构方面的要求：外部接插件、显示器件等安放位置应整齐，特别是板上各种不同的接插件需从机箱后部直接伸出时，更应从三维角度考虑器件的安放位置。板内部接插件放置上应考虑总装时机箱内线束的美观。

（2）散热方面的要求：板上有发热较多的器件时，应考虑加散热器甚至风机，并与周围电解电容、晶振等怕热元件隔开一定距离，竖放的板子应把发热元件放置在板的最上面。双面放置元件时，底层不得放发热元件。

（3）电磁干扰方面的要求：元件在电路板上排列的位置要充分考虑抗电磁干扰问题，原则之一是各元件之间的引线要尽量短。在布局上，要把模拟信号、高速数字电路、噪声源（如继电器、大电流开关以及时钟电路等）这 3 部分合理分开，使相互间的信号耦合最小。随着电路设计的频率越来越高，EMI 对线路板的影响越来越突出。在画原理图时，可以先加上电源滤波用磁环、旁路电容等器件。每个集成电路的电源脚就近都应有一个旁路电容连到地，一般使用 $0.01\sim0.1\mu F$ 的电容，有的关键电路甚至需要加金属屏蔽罩。

（4）布线方面的要求：在元件布局时，必须全局考虑电路板上元件的布线，一般原则是布线最短，应将有连线的元件尽量放置在一起。对于单面板，器件一律放顶层；对于双面板或多层板，器件一般放顶层；只有在电路板的空间有限、器件过密时，才把一些高度有限、重量较轻并且发热量少的元件，如贴片电阻、贴片电容、贴片 IC 等放在电路板的底层。

具体到元件的放置方法,应当做到各元件排列、分布要合理和均匀,力求达到整齐、美观、结构严谨的工艺要求。

2) 布线的一般原则

(1) 输入和输出的导线应尽量避免平行。最好在输入和输出端的导线之间添加地线,以免发生反馈耦合。

(2) 印制板导线的最小宽度由导线与绝缘基板间的黏附强度和流过它们的电流决定。一般导线宽度选在 0.3~2mm。实验表明,当铜箔厚度为 0.05mm,导线宽度为 1~1.5mm,通过电流 2A 时,温度升高小于 3℃。因此,一般选用 1~1.5mm 导线宽度就可以满足设计的要求而不致引起温升。对于集成电路,尤其是数字电路,通常选 0.2~0.3mm 导线宽度。当然,只要允许,应尽可能用较宽的线,尤其是电源线和地线。

(3) 导线宽度不宜大于焊盘尺寸。

(4) 印制板导线不能有急剧的拐角和拐弯,拐角不得小于 90°,最佳拐弯方式是采取圆弧形。采取直角或夹角时,铜箔容易剥离或翘起。此外,应尽量避免使用大面积铜箔,否则当长时间受热时,易发生铜箔膨胀现象。必须用大面积铜箔时,最好做成栅格状,有利于排除铜箔与基板间的黏合剂受热产生挥发性气体。

(5) 模拟电路和数字电路的地线应分开布线,以减少相互间的干扰。

(6) 在设计 PCB 时,不允许有交叉的铜箔走线。对于可能交叉的线条,利用"钻"或"绕"的方法解决。即让走线从别的电阻、电容及晶体管等元件下的空隙处"钻"过去,或从可能交叉的某条导线的一端"绕"过去。在特殊情况下,如果电路很复杂(或遇到必须交叉的情况时),可以采用绝缘导线跨接交叉点的方法解决。

(7) 设计 PCB 图时,在使用 IC 座的场合下,一定要特别注意 IC 座上定位槽放置的方位是否正确,并注意各个 IC 脚的位置是否正确。例如,第 1 脚只能位于 IC 底座的左下角或右上角,而且紧靠定位槽(从器件表面看)。

5.3.2　PCB 设计编辑器

1. 启动 PCB 编辑器

1) 通过打开已存在的设计数据库文件启动

(1) 执行 File→Open 菜单命令,或单击"打开"图标,在弹出的对话框中,在相应路径下找到要打开的设计数据库文件名后,单击"打开"按钮。

(2) 展开设计导航树,然后双击 Documents 文件夹,找到扩展名为 .PCB 的文件。单击该文件,启动 PCB 编辑器,同时将该 PCB 图纸载入工作窗口。

2) 通过新建一个设计数据库文件启动

(1) 执行 File→New 菜单命令,弹出新建设计数据库对话框。在 Databasc File Name 文本框中输入设计数据库文件名,扩展名为 .ddb。单击 OK 按钮,即可建立一个新的设计数据库文件。

(2) 打开新建立的设计数据库中的 Documents 文件夹,再次执行 File→New 菜单命令,弹出如图 5-42 所示的 New Document(新建设计文档)对话框。选取其中的 PCB Document图标,然后单击 OK 按钮,即在 Documents 文件夹中建立一个新的 PCB 文件,默认名为 PCB1,扩展名为 .PCB。此时,可更改文件名。

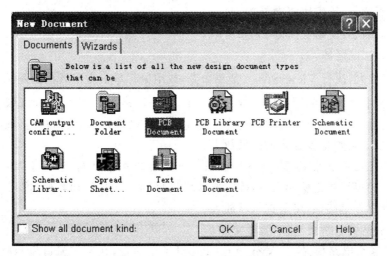

图 5-42 新建 PCB 文档对话框

(3) 双击工作窗口中的文件,或单击设计导航树中的 PCB1.PCB 文件图标,启动 PCB 编辑器,如图 5-43 所示。图中,左边是 PCB 管理窗口,右边是工作窗口。

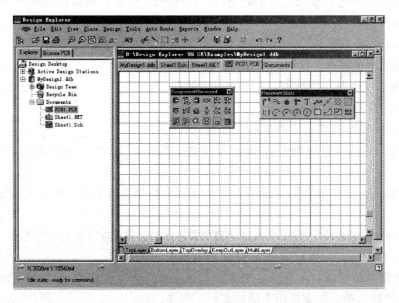

图 5-43 PCB 编辑器界面

2. 退出 PCB 编辑器

在 PCB 编辑器状态下,执行 File→Close 菜单命令;或在 PCB 管理器中,用鼠标右键单击要关闭的 PCB 文件,然后在弹出的快捷菜单中选择 Close 命令,即退出 PCB 编辑器。

3. PCB 编辑器的画面管理

1）画面显示

（1）画面放大：使用快捷键 PageUp。

（2）画面缩小：使用快捷键 PageDown。

（3）放大选定区域。

① 区域放大：执行 View→Area 菜单命令，或用鼠标单击主工具栏的图标 ⊠ ，光标变为"十"字形。将光标移到图纸中要放大的区域，单击鼠标左键，确定放大区域对角线的起点；再移动光标，拖出一个矩形虚线框作为选定放大的区域；单击鼠标左键，确定放大区域对角线的终点。可将虚线框内的区域放大。

② 中心区域放大：执行 View→Around Point 菜单命令，光标变为"十"字形。将其移到需放大的位置后，单击鼠标左键，确定要放大区域的中心。移动光标，拖出一个矩形区域后，单击鼠标左键确认，将所选区域放大。

（4）显示整个电路板/整个图形文件。

① 显示整个电路板：执行 View→Fit Board 菜单命令，在工作窗口显示整个电路板，但不显示电路板边框外的图形。

② 显示整个图形文件：执行 View→Fit Document 菜单命令，或单击图标 ⊠ ，可将整个图形文件在工作窗口显示。如果电路板边框外有图形，也同时显示出来。

（5）画面刷新：使用快捷键 END。

2）窗口管理

（1）多窗口的管理。以同时打开两个设计数据库文件为例，在菜单栏的 Windows 菜单中有以下 6 项命令。

① Title 命令：窗口平铺显示。

② Cascade 命令：窗口层叠显示。

③ Title Horizontally 命令：使所有打开的文件窗口以水平分割平铺的方式显示在工作窗口中。

④ Title Vertically 命令：使所有打开的文件窗口以垂直分割平铺的方式显示在工作窗口中。

⑤ Arrange Icons 命令：使打开的文件窗口最小化时的图标在工作窗口底部有序排列。

⑥ Close All 命令：执行该命令，关闭所有窗口。

（2）单窗口的管理。在当前工作窗口顶部显示的文件标签中，用鼠标右键单击某一文件，弹出快捷菜单。各菜单命令的功能如下所述。

① Close：关闭该文件。

② Split Vertical：将该文件与其他文件垂直分割显示。对所有文件都执行该命令，则所有文件窗口都会垂直分割显示。

③ Split Horizontal：将该文件与其他文件水平分割显示。对所有文件都执行该命令，则所有文件窗口都会水平分割显示。

④ Title All：所有窗口平铺显示。

⑤ Merge All：隐藏所有文件。文件以标签的形式显示，单击某标签，可显示相应的文件内容。

3）PCB 工具栏、状态栏、管理器的打开与关闭

（1）工具栏的打开与关闭：执行 View→Toolbars 菜单命令，弹出一个子菜单，从中选择相应的工具栏名称。

（2）状态栏与命令栏的打开与关闭：执行 View→Status Bar 菜单命令，打开和关闭状态栏。执行 View→Command Status 菜单命令，打开与关闭命令栏。

（3）PCB 管理器的打开与关闭：执行 View→Design Manager 菜单命令，或用鼠标单击主工具栏的图标 ，打开与关闭 PCB 管理器。

5.3.3　PCB 设计环境的设置

1. 电路板工作层面的管理

1）工作层面的管理

在设计电路板时，首先要了解电路板的工作层面。Protel 99 SE 系统提供了多个工作层面供用户选择。在层堆栈管理中，用户可以定义电路板的板层结构，显示层堆栈的效果。执行 Design→Layer Stack 菜单命令，将弹出如图 5-44 所示的对话框。

对话框中各选项介绍如下。

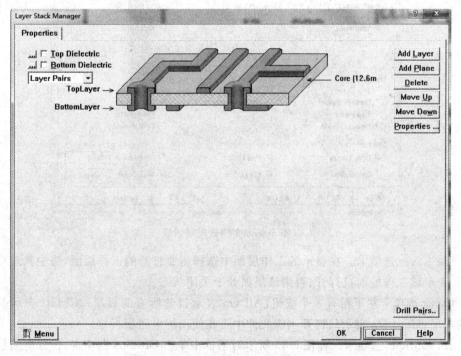

图 5-44　工作层设置对话框

（1）Add Layer：添加信号层，主要用于放置与信号有关的电气元素，传递电气信号。

（2）Add Plane：添加内层电源/接地层，主要用于布置电源和接地线。添加内层电源/接地层前，首先应该用鼠标选定信号层添加位置。

（3）Delete：删除信号层。

（4）Move Up：将选定的中间信号层上移。

（5）Move Down：将选定的中间信号层下移。

（6）Properties：选定电路板某一层面，然后单击 Properties 按钮，打开层面属性对话框。在 Name 文本框中指定电路板板层，在 Copper thickness 文本框指定板层厚度。

（7）Top Dielectric 复选框和 Bottom Dielectric 复选框：表示顶层、底层添加绝缘层。单击这两个复选框旁边的按钮，将出现绝缘层属性对话框。

（8）Drill Pairs 按钮：设置电路板用于钻孔的两层板层。单击该按钮，将出现设置钻孔的工作层面对话框，其中显示了电路板顶层（Top Layer）和底层（Bottom Layer）用于设置导孔层面。单击 Menu 按钮，在弹出的菜单中添加钻孔层面。

2）设置工作层面

在实际的电路板设计过程中，选择 Design→Options 菜单命令；或在电路板工作层面中单击鼠标右键，在弹出的快捷菜单中选择 Option→Board Options 菜单命令，打开Option对话框，如图 5-45 所示，设置电路板工作层面。

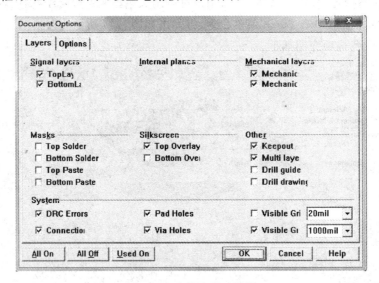

图 5-45　文档选项对话框

（1）Layer 选项卡。在显示的工作层面中选择需要打开的工作层面，选中其对应的复选框，表示该工作层面被打开，否则该层面处于关闭状态。

Layer 选项卡左下角有 3 个按钮：All On 表示打开所有的板层；All Off 表示关闭所有的板层；Used On 表示只打开当前文件中正在使用的电路板板层。

（2）Options 选项卡。在图 5-45 所示对话框中单击 Options 选项卡，设置电路板工作层面显示参数，如图 5-46 所示，具体内容如下所述。

① Snap X/Y：设置格点，包括移动格点和可视格点的设置。移动格点主要用于控制光标每次移动的格点间距，系统默认设置为20mil。可以在Snap的文本框中输入X向和Y向的格点尺寸。

② Component X/Y：设置元件移动的最小间距。

③ Electrical Grids：设置是否显示电气栅格。

④ Range：设置电气栅格自动捕捉焊盘的范围。

⑤ Visible Kind：设置显示格点的类型。

⑥ Measurement Units：设置系统度量单位。

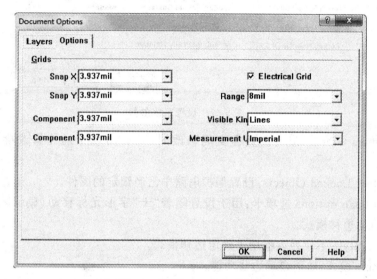

图 5-46　设置 Options 选项卡

2. 设置系统参数

Protel 99 SE 的 PCB 系统参数设置包括光标和格点设置、板层颜色和显示设置、系统默认设置等。执行 Tools→Preference 菜单命令，将弹出如图 5-47 所示的系统参数设置对话框。

1）Options 选项卡

（1）Editing options 选项组：用于设置与编辑操作有关的参数，如下所述。

① Online DRC：用于设置布线时的在线设计检查。选中复选框，在布线过程中，系统将按照设定的布线规则检查走线错误。

② Snap to Center：设置在移动元件封装或字符串时，光标是否自动移动到元件封装或者字符串的参考点上。如果是移动焊盘或过孔，光标将自动移动到焊盘或过孔的中心位置。

③ Extend Selection：设置选取图件时，是否取消其他已被选取图件的选取状态。选中复选框，表示在选取图件时不撤消其他图件的选取状态。

④ Remove Duplicates：设置输出数据时是否自动删除重叠的图件。选中此复选框，表示删除。

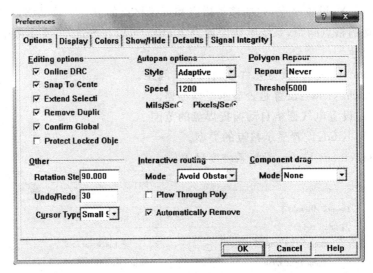

图 5-47　设置系统参数

⑤ Confirm Global Edit：设置在全局修改时，是否出现全局性修改确认的提示对话框。

⑥ Protect Locked Objects：设置保护电路中已经锁定的图件。

（2）Autopan options 选项卡：用于设置随着"十"字形光标移动，显示区域自动移动的模式，即自动边移模式。

① Style：Style 下拉列表框用于确定边移模式。

◆ Disable 模式：取消自动边移功能。

◆ Re-Center 模式：当鼠标移动到编辑区边缘时，系统将光标指针所在的位置设置为新的编辑区中心位置。

◆ Fixed Size Jump 模式：当光标指针移动到编辑区边缘时，系统将以 Speed 项的设定值为移动速度滚动显示；在"十"字状光标指针接触到工作区边缘的同时，按住 Shift 键，电路板板图将以最快速度滚动显示。

◆ Shift Accelerate 模式：当光标指针移动到编辑区边缘时，系统将以 Speed 项的设定值和系统最大值中的较小者为移动速度显示。

◆ Shift Decelerate 模式：当光标指针移动到编辑区边缘时，系统将以 Speed 项的设定值和系统最大值中的较大者为移动速度显示。

◆ Ballistic 模式：当光标指针移动到编辑区边缘时，越往编辑区边缘，移动速度越快。

◆ Adaptive 模式：在光标指针最大边移的过程中，只显示移动结果，不显示移动的速度单位。

② Speed：Speed 选项设定光标移动的速度，在其文本框中输入速度设置值。系统默认的速度为 1200，单位为 mils/s 或 pixels/s。

③ 速度单位：Speed 设置速度有两种单位，分别是 mils/s 和 pixels/s。

（3）Polygon Repour 选项组：用于设置交互布线中的避免障碍和推挤布线方式，其中共有两个选项，介绍如下。

① Repour：设置敷铜的自动重敷功能。单击右边的下拉按钮，将出现 3 个选项：Always表示在已经敷铜的 PCB 重新修改电路走线后，系统自动重敷；Never 表示 PCB 经过修改后，系统不会重敷；Threshold 选项表示自动重敷的范围。

② Threshold：设置电路布线时的推挤布线距离，默认值为 mil。

（4）Other 选项组：共有 3 个选项，用于设置与编辑有关的其他操作方式，介绍如下。

① Rotation Step：设置图件旋转的角度。在放置电路图件时，图件在选取状态下，按一次空格键，图件旋转一个角度，即此处设置的角度值。默认值为 90°。

② Undo/Redo 选项：设置系统复原当前操作/取消次数，默认值为 30 次。

③ Cursor Types：用于设置光标类型。Protel 99 SE PCB 系统为电路板设计提供了 3 种形式的光标，单击右边的下拉按钮，将出现光标的类型：Small 90、Large 90、Small 45。

（5）Interactive routing 选项组：用于设置布线交互模式和错误检测方式，其中共有 3 项设置，介绍如下。

① Mode：设置布线交互模式，共有 3 个选项，Ignore Obstacle 选项用于布线遇到障碍时强行布线；Avoid Obstacle 选项用于布线遇到障碍时，尽量设法绕过障碍；Push Obstacle选项用于布线遇到障碍时，设法移开障碍。

② Plow Through Polygon：选中此复选框，表示布线时采用多边形来检测布线障碍。

③ Automatically Remove：选中此复选框，表示在绘制导线后，如果发现存在另外一条回路，系统将自动删除原来的回路。

（6）Component drag 选项组：设置电路板中组件的移动方式。Connection Tracks 表示在使用 Edit\Move\Drag 命令移动组件时，与电路图件相连的铜膜导线跟着组件一起移动，不会断开；None 表示在使用 Edit\Move\Drag 命令移动组件时，不移动其相连的铜膜导线。

2）Display 选项卡

打开系统设置对话框中的 Display 选项卡，进入电路板显示设置对话框，用于设置电路板屏幕显示方式和元件显示模式，如图 5-48 所示。

（1）Display options 选项组：设定屏幕显示方式。其中共有 6 个复选框，分述如下。

① Convert Special String：选中此复选框，表示将特殊字符串转化成它所代表的文字显示。

② Highlight in For Net：选中此复选框，表示将高亮度显示所选中的网络。

③ Use Net Color For Highlight：选中此复选框，表示将使用网络颜色标识选取的网络；否则将以黄色标识选中的网络。

④ Redraw Layer：选中此复选框，表示当重画电路板时，系统将一层一层地重画，最后重画当前板层。

⑤ Single Layer Mode：选中此复选框，表示只显示当前编辑的板层，不显示其他板层。

⑥ Transparent Layer：选中此复选框，表示将所有的板层设置为透明，则所有的导线和焊盘变为透明。

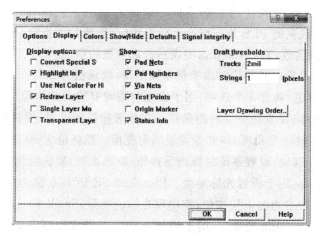

图 5-48   Display 选项卡

（2）Show 选项组具体如下。

① Pad Nets：选中此复选框，表示将显示焊盘的网络名称。

② Pad Number：选中此复选框，表示显示焊盘序号。

③ Via Nets：选中此复选框，表示显示电路通过的网络。

④ Test Points：选中此复选框，表示将显示测试点。

⑤ Origin Marker：选中此复选框，表示将显示当前原点的标志。

⑥ Status Info：选中此复选框，表示将显示当前的状态信息。

（3）Draft thresholds 选项组：用于设置图形显示最大值方式。

（4）Layer Drawing Order 按钮：用于设置电路板各板层的先后顺序。单击此按钮，系统将弹出提示板层顺序的对话框。

在板层顺序设置对话框中，显示了电路板管理的各个板层的名称。当前电路板板层显示在最上面。

单击 Promote 或 Demote 按钮，将使光标指向的板层上下移动。Default 按钮用于将板层顺序设置为默认值。

3）Color 选项卡

打开对话框中的 Color 选项卡，进入电路板板层颜色设置对话框，如图 5-49 所示。在此可完成所有电路板板层的颜色设置，以及焊盘、导孔、导线和可视格点颜色设置。电路设计背景颜色也在此设置。单击 Default Colors 按钮，将所有颜色设置为默认值；单击 Classic Colors 按钮，系统将板层颜色定义为传统的颜色设置，即黑色背景设计界面。

4）Show/Hide 选项卡

打开对话框中的 Show/Hide 选项卡，将进入显示/隐藏设置对话框，如图 5-50 所示。

Show/Hide 选项卡列出了电路板设计中所有的基本图元单元，例如弧线、导孔、焊盘、敷铜、字符串和导线等。每个选项组下面都有 3 种显示模式：Final（精细）显示模式、Draft（简易）显示模式和 Hidden（隐藏）显示模式。

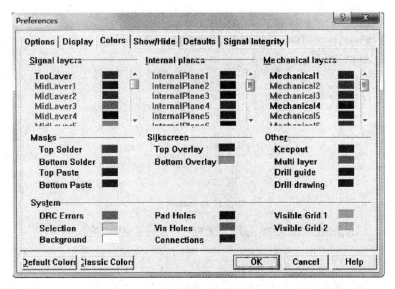

图 5-49 Color 选项卡

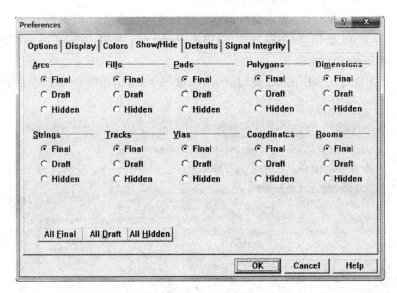

图 5-50 Show 选项卡

5) Defaults 选项卡

打开对话框中的 Defaults 选项卡,将进入设置组件的系统默认设置对话框,如图 5-51所示。

在 Primitive Type 列表框中列出了 Arc(圆弧)、Component(元件封装)、Coordinate(坐标)、Dimension(尺寸)、Fill(金属填充)、Pad(焊盘)、Polygon(敷铜)、String(字符串)、Track(导线)和 Via(导孔)共 10 种基本组件,在 Information 栏中显示提示信息。

若要编辑基本组件的属性,在 Primitive Type 列表中选中某一基本组件,然后单击 Edit Values 按钮,进入相应的组件属性设置对话框。

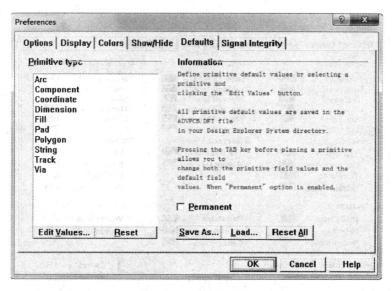

图 5-51　Default 选项卡

选中 Permanent 复选框,表示组件属性修改将成永久设置。单击 Save As 按钮,保存设置文件;单击 Load 按钮,取用设置文件;单击 Reset All 按钮,重新修改所有设置。

6) Signal Integrity 选项卡

打开系统设置对话框中的 Signal Integrity 选项卡,弹出如图 5-52 所示的设置信号完整性对话框。

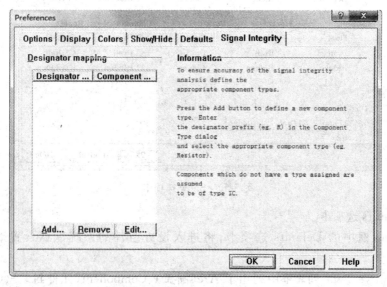

图 5-52　Signal Integrity 选项卡

该选项卡用于设置元件标识和元件类型之间的对应关系,为信号完整性分析提供信息。Add 按钮用于添加元件类型,Remove 用于删除元件类型,Edit 用于对列表框中处于选中状态的元件进行编辑。

5.4　本章总结

印刷电路板(PCB, Printed Circuit Board)是按照一定的工艺, 在绝缘度非常高的基材上覆盖一层导电性能良好的铜薄膜构成覆铜板, 然后根据具体的 PCB 图要求, 在覆铜板上蚀刻出 PCB 图上的导线, 并钻出印刷电路板安装定位孔以及焊盘和过孔而制成的板子。

PCB 按结构分为单面板、双面板和多层板。

Protel 99 SE 是一个优秀的印制电路板设计软件。印制电路板设计步骤一般分为原理图设计、规划电路板、设置参数、加载网络表、元件布局、布线规则设置、自动布线和手工调整、报表输出以及文件存盘和输出。

印制电路板分为手工设计和自动化设计。手工设计 PCB 是指用户直接在 PCB 中根据电路原理图完成手工放置、焊盘、过孔等, 并进行线路连接的操作过程。自动化设计是指将原理图绘制、板框规划、元件布局、规则定义和铜膜走线等全过程由计算机自动完成。

习题

1. 如何进行印制电路板规划?

2. 印制电路板的电气边界是在哪一层设置的? 有何作用?

3. 简述印制电路板自动布线的流程。

4. 如何利用向导设计 PCB?

5. 布线时, 为什么有时要对电源线和地线的线宽进行加宽处理?

6. 为什么有时要对焊盘和过孔进行补泪滴操作?

7. 总结对电路板手工布局和布线的操作过程。

8. 设计如图 5-53 所示原理电路的印制电路板, 所用元件清单如表 5-4 所示。

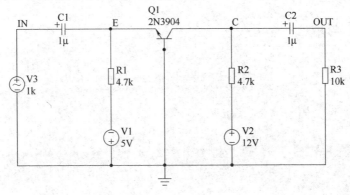

图 5-53　题 8 图

要求:

(1) 电路板尺寸:长 1500mil,高 1000mil。

(2) 绘制单面板。其中,信号线宽度 10mil,电源线宽度 20mil,接地线宽度 30mil。

表 5-4　习题 8 图所用元件清单

Designator	Part Type	Footprint
V3	1k	SIP2
C1	1μ	RB. 2/. 4
C2	1μ	RB. 2/. 4
Q1	2N3904	TO-92A
R1	4. 7k	AXIAL0. 3
R2	4. 7k	AXIAL0. 3
V1	5V	RAD0. 2
R3	10k	AXIAL0. 3
V2	12V	RAD0. 2

第6章

元件的封装制作

　　随着电子技术的发展,新封装元件和非标准封装元件不断涌现。虽然 Protel 提供了丰富的元件库足以应付大多数设计,仍有部分元件没有收录其中。此外,在设计中经常使用一些非标准或者新的元件,这就要求设计者自己制作 PCB 元件的封装和封装库。

　　元件封装指在 PCB 编辑器中,为了将元件固定、安装于电路板而绘制的与元件管脚距离、大小相对应的焊盘,以及元件的外形边框等。由于它的主要作用是将元件固定、焊接在电路板上,因此它在焊盘大小、间距、孔径大小、管脚次序等参数上有严格的要求,元件的封装和元件实物、电路原理图元件管脚序号三者之间必须保持严格的对应关系。为了制作正确的封装,必须参考元件的实际形状,测量元件管脚距离、管脚粗细等参数。

　　本章主要介绍用 Protel 设计元件封装库的方法和步骤。通过本章学习,应掌握以下基本技能:

◆ 元件库管理器的各项功能;

◆ 掌握创建 PCB 封装库文件的方法;

◆ 掌握 PCB 封装的编辑方法;

◆ 掌握采用向导和手工两种方法创建 PCB 元件封装。

6.1 项目描述

　　本项目的主要内容是:通过创建数码管和按键开关的 PCB 元件管脚封装等任务,了解 PCB 封装库(PCBLib)编辑器设计环境,掌握编辑元件封装库中已有封装的方法,掌握制作新元件封装的方法。

6.2　项目剖析

6.2.1　任务 1——制作按钮封装图

1. 任务描述

采用手工方法制作按钮的封装图,元件封装名称为 SW-PB。其中,焊盘外径为 120mil,内径为 60mil,焊盘号如图 6-1 所示。

2. 任务实施

1) 启动元件封装编辑器

步骤 1:执行 File→New 菜单命令,弹出新建文件对话框,从中选择元件封装编辑器,如图 6-2 所示。

步骤 2:双击 PCB Library Document 图标,或选中图标后单击 OK 按钮,新的元件封装编辑文档将出现在文件夹中。此时,可以修改文档名。

步骤 3:双击该文档,进入元件封装编辑界面,如图 6-3 所示。

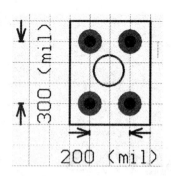

图 6-1　SW-PB 封装

图 6-2　新建元件对话框

图 6-3　元件封装编辑器

2) 设置元件封装参数

步骤 1:执行 Tools→Library Options 菜单命令,弹出如图 6-4 所示的板层参数设置对话框,设置元件封装的层参数,一般采用默认设置。本任务设置 Visible Grid1 为 100mil,Visible Grid2 禁用,如图 6-4 所示。

步骤 2:单击 Options 选项卡,设置捕获栅格(Snap)、电气栅格(Electrical Grid)和计量单位等。本任务设置计量单位为英制;Snap 和 Component 间距 20mil,如图 6-5 所示。设置结束后,单击 OK 按钮。

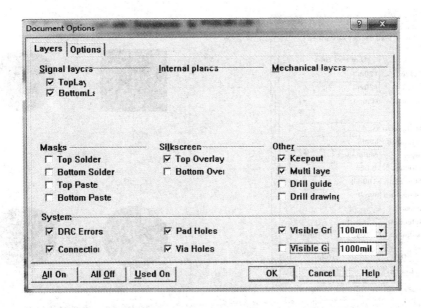

图 6-4 板层参数设置对话框

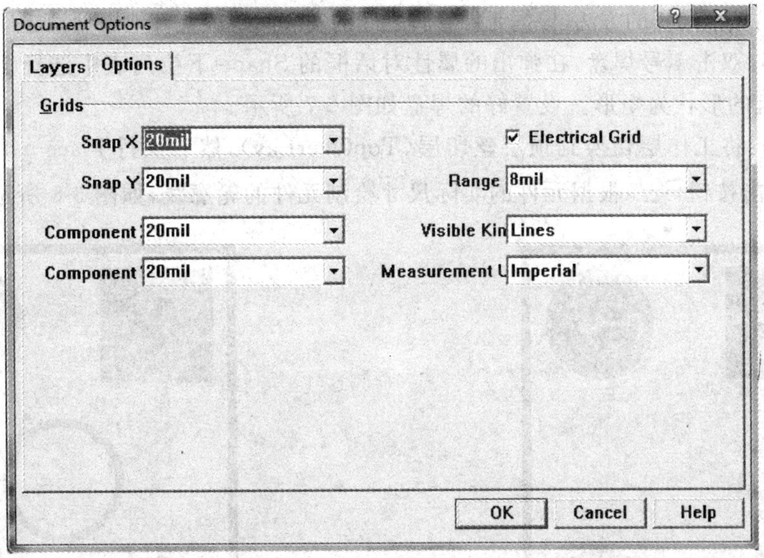

图 6-5 Options 选项卡

实践技巧：执行 View→Preferences 菜单命令，可以切换单位的公/英制。

3）放置图形对象

步骤 1：执行 Place→Pad 菜单命令，或单击工具栏按钮 ⬤，光标变为"十"字状，中间带有一个焊盘。

步骤 2：单击 Tab 键，弹出焊盘属性对话框（如图 6-6 所示），设置焊盘的属性。在 Designator 框中设置焊盘号为 1，其他选项参数采用默认值。

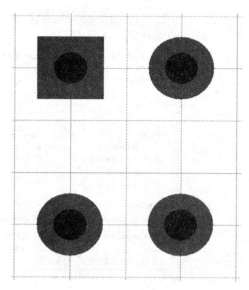

图 6-6　焊盘属性对话框

图 6-7　放置好的焊盘

步骤 3：移动光标到合适的位置，单击鼠标的左键，放置第 1 号焊盘。

步骤 4：按照同样的方法，根据元件管脚之间的实际间距放置其他焊盘，如图 6-7 所示。

步骤 5：双击 1 号焊盘，在弹出的属性对话框的 Shape 下拉列表中选择 Rectangle，定义 1 号焊盘的形状为矩形。设置好的焊盘如图 6-7 所示。

步骤 6：将工作层切换到顶层丝印层（TopOverLay），然后执行 Place→Track 菜单命令，或者单击按钮，根据元件的实际尺寸绘制元件的轮廓线，如图 6-8 所示。

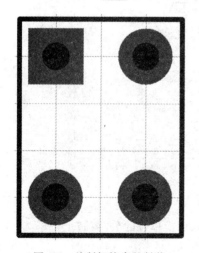

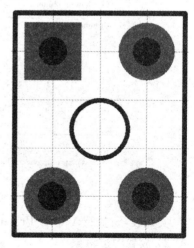

图 6-8　绘制好轮廓的封装

图 6-9　完成的封装

步骤 7：绘制圆形。执行 Place→Full Circle 菜单命令，将鼠标移到合适的位置后单击左键，确定圆形的中心；移动光标到合适的位置再单击鼠标，确定圆形的半径，如图 6-9 所示。

步骤8：绘制完成后，执行 Tools→Rename Component 菜单命令，或单击元件封装管理器左边的 Rename 按钮，为新建的元件重新命名。这里命名为 SW-PB。

4）设置元件的参考点

执行 Edit→Set Reference 菜单命令，在其子菜单中选择 PIN1，将元件的参考点设置为 pin1。

5）保存

执行 File→Save All 菜单命令，或单击主工具条上的文件保存按钮。

☞ 上交作品

将作品的打印件粘贴在以下位置。

教学效果评价

		学生对该课的评语：					
	学生评教						
		整体感觉					
		很满意□ 满意□ 一般□ 不满意□ 很差□					
教学效果评价	教师评学	过程考核情况					
		结果考核情况					
		评价等级					
		优□ 良□ 中□ 及格□ 不及格□					

6.2.2 任务2——七段数码管封装的制作

1. 任务描述

对于管脚较多且排列具有一定规律的元件封装,可以先用元件封装向导创建元件的封装,然后稍做修改。下面利用向导制作七段数码管的封装。要求:焊盘的外径为60mil,内径为30mil,封装名称为led-7,其他要求如图6-10所示。

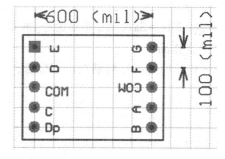

图6-10 七段数码管的封装

2. 任务实施

(1) 启动并进入元件封装编辑器。

(2) 利用向导创建元件封装。

步骤1:执行 Tools→New Component 菜单命令,弹出如图6-11所示的元件封装向导对话框。

步骤2:单击 Next 按钮,弹出如图6-12所示的元件封装样式对话框,在此选择元件的样式。根据本任务的要求,选择 DIP 外形,并在对话框的下方的度量单位下拉列表中选择 Imperial(英制)。

图6-11 元件封装向导对话框

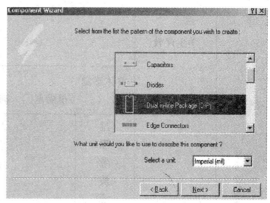

图6-12 元件封装样式对话框

步骤3:单击 Next 按钮,弹出如图6-13所示设置焊盘尺寸对话框。在需要修改的地方单击鼠标,然后输入尺寸。本任务设置参数:焊盘外径60mil,内径30mil。

步骤4:单击 Next 按钮,弹出如图6-14所示的设置管脚和位置尺寸的对话框,用于设计相邻焊盘的间距和两排焊盘之间的间距。本任务采用默认值。

步骤5:单击 Next 按钮,弹出如图6-15所示的设置元件轮廓线宽的对话框,用于设置轮廓线宽。本任务采用默认值。

步骤6:单击 Next 按钮,弹出如图6-16所示的设置元件管脚数量对话框,用于设置

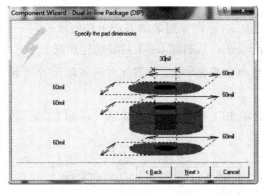

图 6-13　设置焊盘尺寸对话框

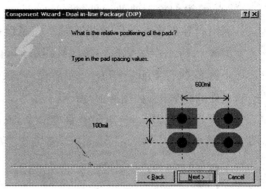

图 6-14　管脚位置尺寸对话框

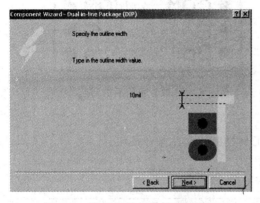

图 6-15　设置元件轮廓线宽对话框

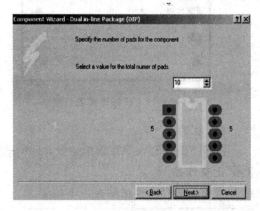

图 6-16　设置元件管脚数量对话框

元件管脚数量。本任务设置为 10。

　　步骤 7：单击 Next 按钮，弹出如图 6-17 所示的设置元件封装名称对话框，用于设置元件封装名称。本任务的封装名为 led-7。

　　步骤 8：单击 Next 按钮，弹出完成对话框。单击 Finish 按钮，完成创建新元件封装，如图 6-18 所示。

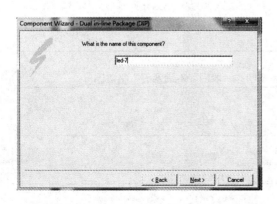

图 6-17　设置元件封装名称对话框

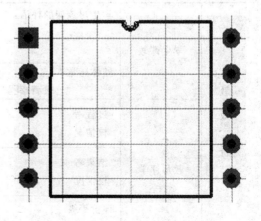

图 6-18　新封装的形状

（3）编辑向导创建的元件封装。

利用向导创建的元件封装有时不满足设计要求，可在原封装的基础上稍做修改。

步骤1：将工作层切换到顶层丝印层（TopOverLay），删除led-7封装的轮廓线。

步骤2：执行Place→Track菜单命令，或者单击按钮 ，根据元件的实际尺寸重新绘制元件的轮廓线，如图6-19所示。

步骤3：执行Place→String菜单命令，或者单击T按钮，放置字符A～G和COM，如图6-20所示。

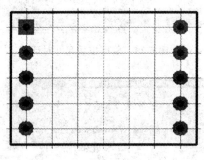

图6-19　改好轮廓的封装

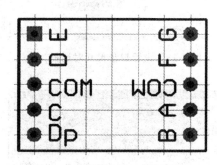

图6-20　放置字符后的封装

（4）保存。

执行File→Save All菜单命令，或单击主工具栏上的文件保存按钮。

☞ 上交作品

将作品的打印件粘贴在以下位置。

教学效果评价

教学效果评价	学生评教	学生对该课的评语：	
		整体感觉	
		很满意□　满意□　一般□　不满意□　很差□	
	教师评学	过程考核情况	
		结果考核情况	
		评价等级	
		优□　良□　中□　及格□　不及格□	

6.3 元件封装基础知识

6.3.1 元件封装认知

PCB 元件是 PCB 设计的必要元素,通常将 PCB 元件称为元件的封装形式,它包含元件的外形轮廓及尺寸、管脚数量和布局,以及管脚尺寸等基本信息。

元件的封装形式主要分为两大类:针脚式和贴片式。针脚式元件封装焊接时需要将元件针脚插入焊盘导通孔,然后再焊锡;贴片元件封装的焊盘只限于表面层,在选择焊盘属性时,必须为单一层面。

元件的封装形式规划是 PCB 设计的首要任务。同一种元件可以有多种不同的封装形式,不同的元件也可以有相同的封装形式,如何选择,通常受到对象的电气特性、物理特性、安装或操作方式、PCB 布局及布线的要求、性能以及成本等多方面因素的制约。

6.3.2 常用的元件封装

利用 Protel 99 SE 的封装设计向导可以设计常见的标准封装,主要有以下几类。

1. Resistors(电阻)

电阻只有两个管脚,有插针式和贴片式两种封装。随着电阻功率的不同,电阻的体积大小不同,对应的封装尺寸也不同。插针式电阻的命名一般以"AXIAL"开头;贴片式电阻的名称可自由定义。图 6-21 所示为两种类型的电阻封装。

2. Diodes(二极管)

二极管的封装与电阻类似,不同之处在于二极管有正、负极之分。图 6-22 所示为二极管的封装。

图 6-21 电阻封装   图 6-22 二极管封装

3. Capacitors(电容)

电容一般只有两个管脚,通常分为电解电容和无极性电容两种,封装形式也有插针式封装和贴片式封装两种。一般而言,电容的体积与耐压值和容量成正比。图 6-23 所示为电容封装。

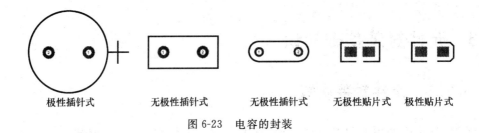

极性插针式　　　无极性插针式　　　无极性插针式　　　无极性贴片式　　极性贴片式

图 6-23　电容的封装

4. DIP(双列直插封装)

DIP 是目前最常见的集成封装形式,制作时应注意管脚数、同一列管脚的间距及两排管脚的间距等。图 6-24 所示为 DIP 封装图。

5. SOP(双列小贴片封装)

SOP 是一种贴片的双列封装形式,几乎每一种 DIP 封装的芯片均有对应的 SOP 封装。与 DIP 封装相比,SOP 封装的芯片体积大大减少。图 6-25 所示为 SOP 封装图。

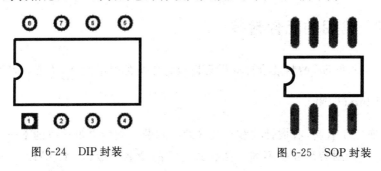

图 6-24　DIP 封装　　　　　　　图 6-25　SOP 封装

6. PGA(管脚栅格阵列封装)

PGA 是一种传统的封装形式,其管脚从芯片底部垂直引出,且整齐地分布在芯片四周。早期的 80x86CPU 均采用这种封装形式。图 6-26 所示为 PGA 封装图。

7. SPGA(错列管脚栅格阵列封装)

SPGA 与 PGA 封装相似,区别是其管脚排列方式为错开排列,利于管脚出线,如图 6-27所示。

8. LCC(无引出脚芯片封装)

LCC 是一种贴片式封装,这种封装的芯片管脚在芯片底部向内弯曲,紧贴于芯片体。从芯片顶部看下去,几乎看不到管脚,如图 6-28 所示。这种封装方式节省了制板空间,但焊接困难,需要采用回流焊工艺,要使用专用设备。

9. QUAD(方形贴片封装)

QUAD 为方形贴片封装,与 LCC 封装类似,但管脚没有向内弯曲,而是向外伸展,焊接方便。QUAD 封装包括 QFG 系列,如图 6-29 所示。

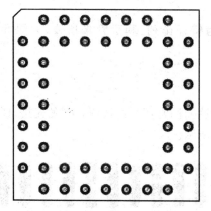

图 6-26　PGA 封装

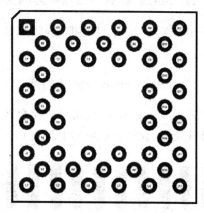

图 6-27　SPGA 封装

图 6-28　LCC 封装

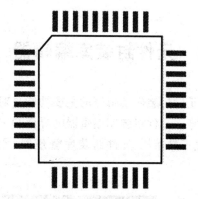

图 6-29　QUAD 封装

10. BGA(球形栅格阵列封装)

BGA 为球形栅格阵列封装,与 PGA 类似,主要区别在于这种封装中的管脚只是一个焊锡球状,焊接时熔化在焊盘上,无须打孔,如图 6-30 所示。

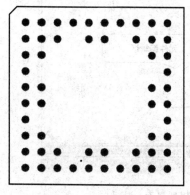

图 6-30　BGA 封装

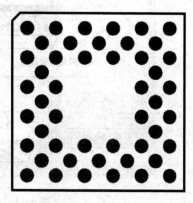

图 6-31　SBGA 封装

11. SBGA（错列球形栅格阵列封装）

SBGA 与 BGA 封装相似，区别在于其管脚为错开排列，利于管脚出线，如图 6-31 所示。

12. Edge Connectors（边沿连接）

Edge Connectors 为边沿连接封装，是接插件的一种，常用于两块板之间的连接，便于一体化设计，如计算机中的 PCI 接口板，如图 6-32 所示。

图 6-32　Edge Connectors 封装

6.4　元件封装库编辑器

元件封装库编辑器的主要功能是对元件封装库进行管理，包括元件封装制作、封装库管理等。元件封装库编辑器的界面和 PCB 编辑器的界面类似，如图 6-33 所示，包括菜单栏、主工具条栏、元件封装库管理器、元件编辑区、元件放置工具栏、状态栏与命令状态栏等。

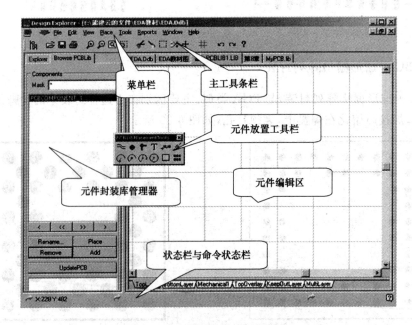

图 6-33　元件封装库编辑器界面

6.4.1 元件封装库编辑器界面

1. 菜单栏

菜单栏提供编辑、绘图命令,用于制作和编辑元件。

2. 主工具栏

主工具栏提供了各种图标操作方式,如图 6-34 所示。

图 6-34　主工具栏

3. 元件封装库管理器(Browse PCBLib)

元件封装库管理器位于界面的左侧,主要用于管理元件封装。

4. 元件编辑区

元件编辑区主要是用于创建、查看、修改元件封装。

5. 元件放置工具栏

元件放置工具栏(PCBLib Placement Tools)中各按钮的功能与主菜单栏 Place 中的命令对应,以便设计人员快速放置各种图元,如线段、焊点、字符串、圆弧等。

6. 状态栏与命令状态栏

状态栏与命令状态栏位于窗口的下方,用于提示设计人员当前系统所处的状态和正在执行的命令。

6.4.2 元件封装的管理

当创建了新的元件封装后,可以使用元件封装管理器进行管理,包括元件封装的浏览、添加、放置、删除等操作。

当用户创建元件封装时,可以单击 Browse PCBLib 标签进入元件封装管理器,如图 6-35所示。

1. 浏览元件封装

(1)设置元件的筛选条件并查看元件封装。在 Mask 栏内输入筛选条件,可以使用通配符。满足筛选框中条件的元件将显示在元件列表框中。在元件封装列表框选中一个元件封装,该元件封装的管脚将显示在元件管脚列表框中,如图 6-35 所示。

(2)选择显示元件封装。

2. 添加元件封装

(1)单击图 6-35 中的 Add 按钮,或者执行 Tools→New Component 菜单命令,弹出元件封装向导对话框。

(2)如果单击 Next 按钮,将按照向导创建新元件封装。如果单击 Cancel 按钮,系统将生成一个元件封装名为 PCBCOMPONENT_1的空文件。

3. 元件封装重命名

(1)在元件列表框中选择一个元件封装,然后单击 Rename按钮,或执行 Tools→ Rename Component 菜单命令,将弹出元件封装重命名对话框。

(2)在对话框中输入元件的新名称,然后单击 OK 按钮,完成重命名操作。

4. 删除元件封装

先选中元件封装,然后单击 Remove 按钮,或者执行Tools→ Remove Component 菜单命令,弹出确认删除提示框。

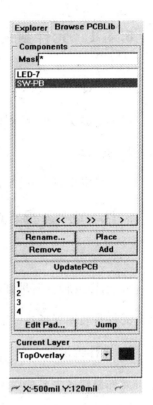

图 6-35　元件封装管理器

5. 放置元件封装

通过元件封装管理器,执行放置元件封装的操作。

6. 编辑元件封装的焊盘

(1)在元件列表框中选择元件封装,然后在管脚列表框选中要编辑的焊盘。

(2)单击 Edit Pad 按钮,或双击选中的对象,弹出焊盘属性对话框,编辑焊盘属性。

7. 设置信号层的颜色

(1)首先在 Current Layer 下拉列表中选中需要修改或设置颜色的层。

(2)用鼠标双击右边的颜色框,弹出颜色设置对话框,设置元件封装的各层颜色。

6.5　本章总结

PCB 元件是 PCB 设计的必要元素,通常将 PCB 元件称为元件的封装形式,它包含元件的外形轮廓及尺寸、管脚数量和布局以及管脚尺寸等基本信息。

元件的封装形式主要分为两大类:针脚式和贴片式。针脚式元件封装焊接时,需要将元件针脚插入焊盘导通孔,然后再焊锡;贴片元件封装的焊盘只限于表面层,在选择焊盘属性时,必须为单一层面。

Protel 99 SE 的 PCB 封装库(PCBLib)编辑器是一款性能良好的编辑器。PCB 封装设计有手工设计方式和向导自动设计方式两种。

常用的标准封装元件可以使用向导自动设计。不规则或不通用的元件封装一般采用手工方式设计。

习题

1. 在元件设计中,如何定义元件的参考点?

2. 对于发光二极管的 SCH 元件,如图 6-36 所示,请绘制其对应的元件封装。两个焊盘的 X-Size 和 Y-Size 都为 60mil,Hole Size 为 30mil;阳极的焊盘为方形,编号为 A;阴极的焊盘为圆形,编号为 K;外形轮廓为圆形,半径为 120mil;绘出发光指示。

3. 绘制如图 6-37 所示的 PLCC32。

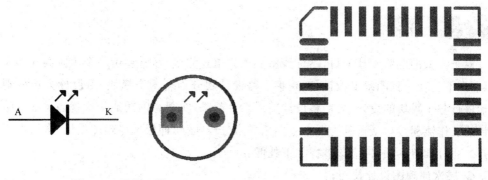

图 6-36　习题 2 图　　　　　　　　　　　图 6-37　习题 3 图

4. PN 型三极管的 SCH 元件如图 6-38 所示,其对应的元件封装选择 TO-5,如图 6-38所示。由于在实际焊接时,TO-5 的焊盘 1 对应发射极,焊盘 2 对应基极,焊盘 3 对应集电极。它们之间存在管脚极性不对应的问题。请修改焊盘编号,使其保持一致,并重命名为 TO-5A。

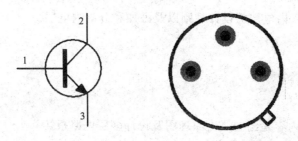

图 6-38　习题 4 图

第7章

层次原理图和多层电路板设计

教学导入

对于大型的电路设计项目,不可能由一个人单独完成,通常要由一个团队共同协作完成,而且不会在一张图纸上设计,而是将电路设计划分为若干个模块,由设计人员分别独立地进行各个模块的设计,最后将设计成果组合起来,实现总的功能。这就是层次电路图设计的工作流程。本项目分为两个主要任务来分段执行,即层次原理图设计、多层电路板设计。通过学习本项目,应该掌握如下技能:

◆ 层次原理图设计技巧;

◆ 采用自上而下的设计方法设计层次原理图文件;

◆ 采用自下而上的设计方法设计层次原理图文件;

◆ 编译层次原理图文件;

◆ 多层电路板设计的基础知识,多层电路板的特点,多层电路板设计的基本步骤以及内电层的连接方式;

◆ 浏览内电层、内电层的设计规则以及添加和分割内电层。

7.1 项目描述

本项目的主要内容是绘制层次原理图及设计多层电路板。

层次原理图:是指将整个项目分为若干层次,分别绘制各层次原理图,采用自上而下

或者自下而上的方式完成整个项目的设计。对于复杂、庞大的项目,这是非常有帮助的。本项目主要介绍层次原理图的设计、操作以及各层次之间的连接等内容。

多层电路板:当设计项目布线比较复杂,或者对电磁干扰要求比较高时,考虑利用多层电路板进行电路设计。本项目以超声波测距电路的 PCB 为例,介绍多层板的设计。

7.2 项目剖析

7.2.1 任务 1——洗衣机控制电路设计

1. 任务描述

本节以洗衣机控制电路为例,讲解层次原理图的绘制过程。

洗衣机控制电路共由 4 个模块构成,分别是复位晶振模块、CPU 模块、显示模块、控制模块。其中,母图如图 7-1 所示,各个子图模块如图 7-2~图 7-5 所示,所有元件清单如表 7-1 所示。

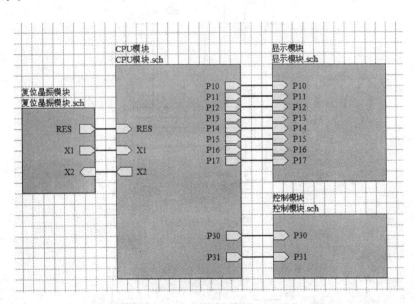

图 7-1　洗衣机电路层次原理母图

2. 任务实施

1) 新建文档

步骤 1:利用前面项目介绍的知识新建一个设计数据库,名称为洗衣机 . ddb。打开数据库,启动数据库编辑器,然后双击编辑区的 Document 图标,打开 Document 文件夹。

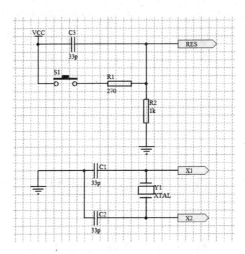

图 7-2　复位晶振模块

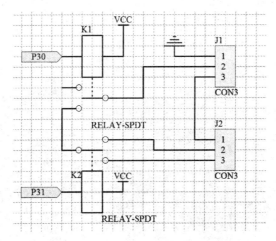

图 7-3　控制模块

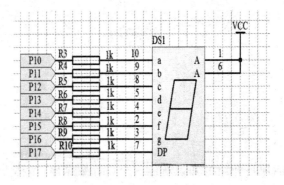

图 7-4　显示模块

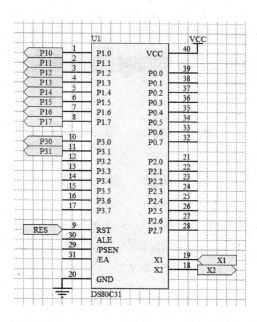

图 7-5　CPU 模块

表 7-1　洗衣机控制电路层次原理图元件清单

元件序号	元件封装	元件大小	元件所在库	元件名称
R1	AXIAL0.4	2701k	Miscellaneous Devices. Lib	RES2
R2	AXIAL0.4	1k	Miscellaneous Devices. Lib	RES2
R3	AXIAL0.4	1k	Miscellaneous Devices. Lib	RES2
R4	AXIAL0.4	1k	Miscellaneous Devices. Lib	RES2
R5	AXIAL0.4	1k	Miscellaneous Devices. Lib	RES2
R6	AXIAL0.4	1k	Miscellaneous Devices. Lib	RES2
R7	AXIAL0.4	1k	Miscellaneous Devices. Lib	RES2
R8	AXIAL0.4	1k	Miscellaneous Devices. Lib	RES2
R9	AXIAL0.4	1k	Miscellaneous Devices. Lib	RES2
R10	AXIAL0.4	1k	Miscellaneous Devices. Lib	RES2
C1	RAD0.3	33p	Miscellaneous Devices. Lib	CAP
C2	RAD0.3	33p	Miscellaneous Devices. Lib	CAP
C3	RAD0.3	33p	Miscellaneous Devices. Lib	CAP
K1	DIP-P4		Miscellaneous Devices. Lib	RELAY-SPDT
K2	DIP-P4		Miscellaneous Devices. Lib	RELAY-SPDT
Y1	SIP2		Miscellaneous Devices. Lib	XTAL
U1	DIP40		自建库	DS80C31

步骤2：执行 File→New 菜单命令，弹出 New Document 对话框，如图7-6 所示。双击 Schematic Document 图标，新建层次原理图文件，双击打开原理图编辑器。

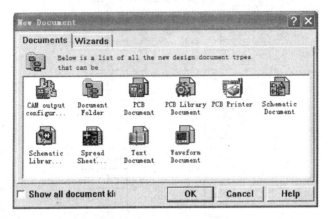

图7-6　新建文档对话框

2）建立原理图母图文件

步骤1：将新建原理图文件保存为洗衣机电路母图文件.sch。

步骤2：执行 Place→Sheet Symbol 菜单命令，或者单击工具栏按钮　，光标变成"十"字形，并带出一个电路框图的绿色轮廓图，如图7-7 所示。按下 Tab 键，弹出如图7-8 所示图纸符号属性对话框。

步骤3：在 Filename 栏输入"复位晶振模块.sch"，在 Name 栏输入"复位晶振模块"。单击 OK 按钮，完成设置。

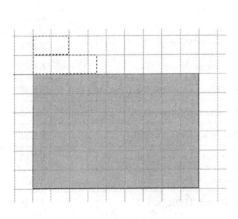

图7-7　电路框图绿色轮廓图　　　　图7-8　图纸符号属性对话框

步骤4：采用相同的方法，分别绘制 CPU 模块、显示模块和控制模块的电路框图，如图7-9 所示。

步骤5：建立电路框图中的电气连接。单击工具栏按钮　，或者执行 Place→Add Sheet Entry 菜单命令，在电路框图内部放置。按 Tab 键，设置端口属性，如图7-10 所示。

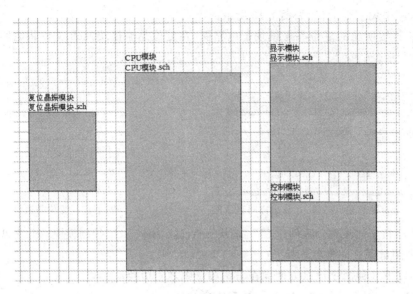

图 7-9 放置电路框图

图 7-10 端口属性对话框

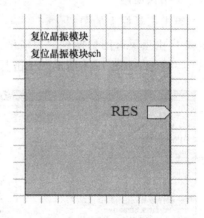

图 7-11 端口设置完成图

步骤 6：修改属性对话框中的内容，将 Name 设置为 RES，在 I/O Type 下拉列表选择 Input，在 Side 下拉列表选择 Right，在 Style 下拉列表选择 Right。

设置完成后，复位晶振模块电路框图如图 7-11 所示。

步骤 7：为各个电路框图添加端口。注意端口的类型，完成母图设计，如图 7-1 所示。

3) 建立各个子图文件

母图完成之后，由各个电路框图产生相应的子原理图。

步骤 1：执行 Design→Create Sheet From Symbol 菜单命令，光标变成"十"字形。单击复位晶振模块电路框图，弹出如图 7-12 所示对话框。单击 No 按钮，不反转端口的输入、输出方向。

步骤 2：系统自动生成名为复位晶振模块.sch 的文件，同时自动生成与电路框图中端口属性一致的原理图端口。单击保存按钮保存文件。该原理图文件中只存在复位晶振模块电路框图中的三个端口,如图 7-13 所示。

步骤 3:按所给的复位晶振模块子电路图,在复位晶振模块.sch 文件将电路图补全, 如图 7-2 所示。

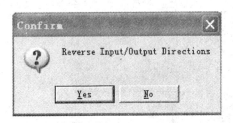

图 7-12　是否翻转端口的输入、输出方向对话框

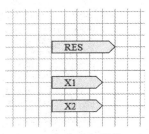

图 7-13　复位晶振模块.sch

步骤 4:按上述步骤分别创建 CPU 模块.sch、显示模块.sch、控制模块.sch 文件。

4) 子图母图之间任意切换

采用以下 3 种命令可以方便地在子图和母图之间切换。

(1) 执行 Tools→Down Hiearchy 菜单命令。

(2) 使用快捷键 T/H。

(3) 单击工具栏上的图标　。

步骤 1:由顶层母图切换到底层子图。执行 Tools→Down Hiearchy 菜单命令,光标 转变成"十"字形,如图 7-14 所示。单击复位晶振模块电路框图中的 RES 端口。

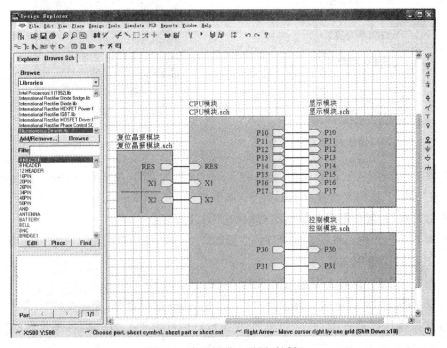

图 7-14　由母图进入子图对话框

步骤 2:系统自动进入复位晶振模块.sch 文件,如图 7-15 所示。单击工具栏按钮　,单

击电路图中的任意端口,系统根据端口回到层次原理图的母图文件,如图 7-16所示。

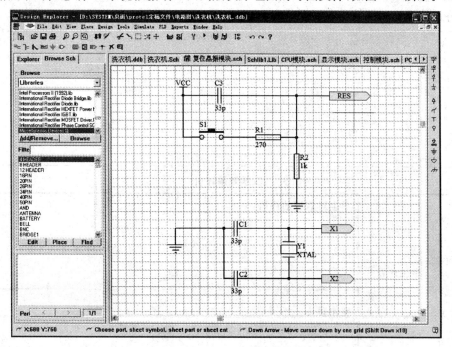

图 7-15 打开的子图对话框

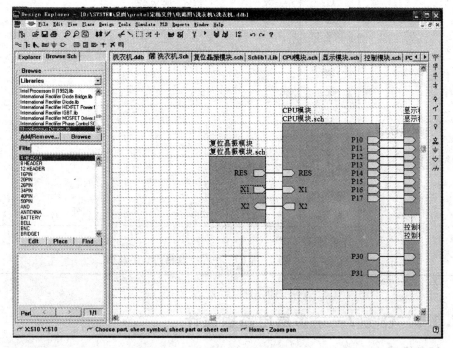

图 7-16 由子图文件回到母图文件

提示:在子原理图和主原理图相互切换的过程中,图纸可能处于蒙版状态。单击图纸任意处,可恢复正常状态。

☞**上交作品**

将作品的打印件粘贴在以下位置。

教学效果评价

教学效果评价	学生评教	学生对该课的评语:
		整体感觉 很满意□　满意□　一般□　不满意□　很差□
	教师评学	过程考核情况
		结果考核情况
		评价等级 优□　良□　中□　及格□　不及格□

7.2.2　任务2——多层电路板设计

1. 任务描述

将双面板修改成多层板，只需要添加内电层。如果有多个网络共享同一个内电层，需要分隔内电层。本项目通过之前设计的超声波测距电路进行多层电路板设计训练。

2. 任务实施

1）设置内部电源层设计规则

步骤1：执行 Design→Rules 菜单命令，打开 Manufacturing 菜单。单击左边 Rule Classes 下拉列表中的按钮 Power Plane Clearance，设置内电层安全距离为 20mil，如图 7-17 所示。

步骤2：单击左边 Rule Classes 下拉列表中的按钮 Power Plane Connect St，然后按默认值设置，如图 7-18 所示。

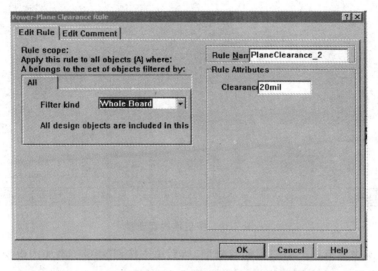

图 7-17　设置内电层安全距离限制设计规则对话框

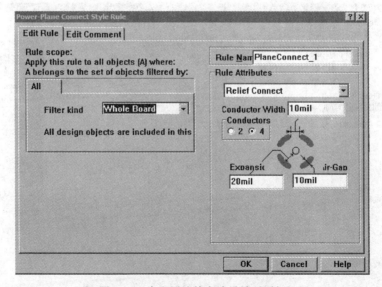

图 7-18　内电层连接方式设计对话框

2）添加内电层

手动为电路板添加内电层。

步骤1：执行 Design→Layer Stack Manager... 菜单命令，打开图层堆栈管理器，如图 7-19所示。

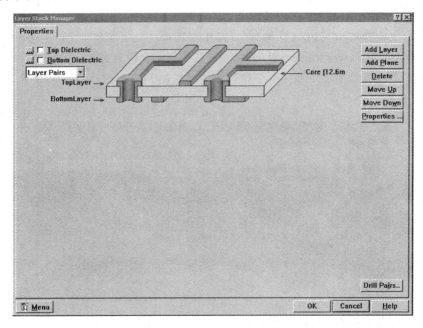

图 7-19　图层堆栈管理器

步骤2：单击示意图上电路板的信号层，然后单击按钮 Add Plane 添加内电层。本项目中添加两个内电层、一个电源网络层，结果如图 7-20 所示。

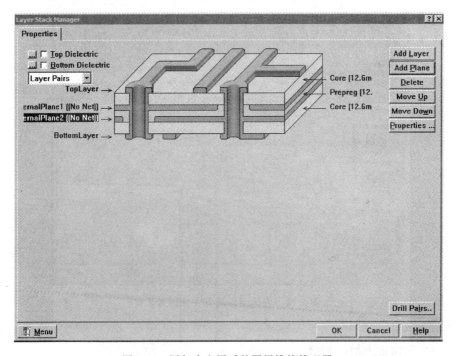

图 7-20　添加内电层后的图层堆栈管理器

步骤3：为添加的内电层命名。在添加的内电层双击，弹出 Edit Layer 对话框，如图7-21所示，添加内电层名称及内电层的网络名称。

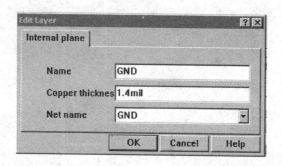

图 7-21　编辑内电层属性对话框

3）分割内电层

在分割内电层之前，应当对具有电源网络的焊盘和过孔重新布局，要尽可能将包含同一个电源网络的焊盘或者过孔放置到一个比较集中的范围，保证内电层被分隔的数目最少，但是面积尽量大。

步骤1：打开超声波测距.pcb 文件，为电路板上的网络 GND 分割出一片区域，并将该网络连接放到分割的内电层上。局部图如图7-22所示。

步骤2：执行 Tools→Un-Route→Net 菜单命令，拆除 GND 的网络布线，结果如图7-23所示。

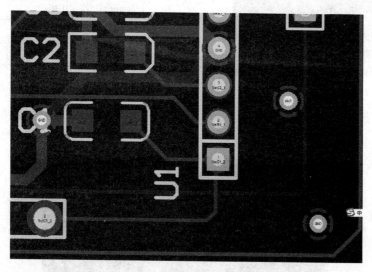

图 7-22　分割内电层局部图

步骤3：执行 Design→Options 菜单命令，弹出文档参数设置对话框，将当前的工作层面切换到内电层，如图7-24所示。

步骤4：执行 Place→Split Plane... 菜单命令，弹出分割内电层参数设置对话框。参数设置如图7-25所示。

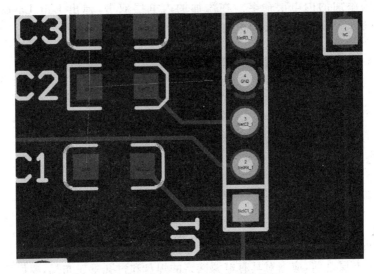

图 7-23　拆除 GND 的网络布线结果

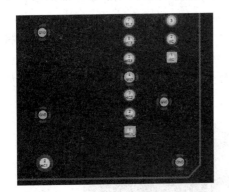

图 7-24　显示内电层结果

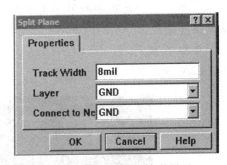

图 7-25　分割内电层参数设置

　　步骤 5：放置导线，将具有 GND 网络标号的焊盘围起来，实现对电源层的分割，如图 7-26所示。

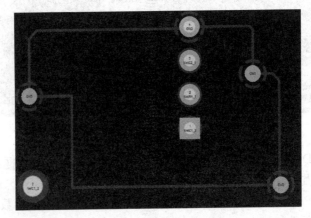

图 7-26　分割内电层结果

实践技巧：内电层通常是整片铜膜，主要采用反转显示方式，即铜膜为白色，没有铜膜的地方为深色。如图 7-28 所示，Track Width(导线的宽度)实际是指没有铜箔的间隔。

至此，完成内电层设计。多层板的设计与多面板的设计大致相同。如果用户选择的电路板存在中间层，可以将一部分重要的线路放到中间层，以提高电路板的保密性能和抗干扰能力，方便后期布线。

☞**上交作品**

将作品的打印件粘贴在以下位置。

教学效果评价

教学效果评价	学生评教	学生对该课的评语：	
		整体感觉 很满意□　满意□　一般□　不满意□　很差□	
	教师评学	过程考核情况	
		结果考核情况	
		评价等级 优□　良□　中□　及格□　不及格□	

7.3　层次原理图设计

对于大规模电路的设计,往往不是单个设计者能在短期内完成的。为了适应长期设计的需要,或者为缩短周期组织多人共同设计的需要,Protel 99 SE 提供了层次原理图的设计功能,即通过合理的规划,将整个电路系统分解为若干个相对独立的功能子模块,分别对每个子模块进行具体的电路设计,实现设计任务的分解,以便在不同的时间完成不同模块的设计,而相互之间没有过多的干扰,也可以将各个模块的设计任务分配给不同的设计者同时设计,从而提高大规模电路设计的效率。

7.3.1　层次原理图简介

所谓层次原理图,是指将复杂系统按照功能要求分解为若干个子模块,如果需要,子模块还可以分解为更小的基本模块,各个模块之间设计好模块接口,上层原理图只负责根据功能需要对各个模块的接口进行合适的连接,而不关心电路细节,具体的电路设计在底层模块电路图中实现,底层模块的电路设计要能够满足接口要求。这样,通过组合,得到完整并且符合功能要求的电路设计。从设计思路可以清楚地看到层次电路图的优点:电路结构清晰,便于任务分配。

层次原理图设计过程如图 7-27 所示。

(1) 在开始设计之前,要明确电路需要实现的功能以及总体要求,规划好电路的整体框架。

(2) 根据功能要求,将电路分解为多个可单独实现的子模块,规定好每个模块之间的接口规范,实现设计任务的分解。

(3) 对各个子模块进行独立设计,设计结果要保证接口要求。

(4) 将各个子模块的设计整合为完整的电路,这时要充分考虑电路整体的要求,对各子模块进行必要的修改。

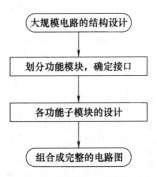

图 7-27　层次原理图设计过程

在层次原理图的设计过程中,将系统总框图设计为母图,组成系统总框图的若干框图称为子图符号,它们代表所谓的子图。单独绘制的各个框电路图称为子图。

在顶层电路中看到的都是一个个的功能模块,很容易从宏观上把握整个电路图的结构。若需要进一步了解框图所能实现的具体电路,直接单击框图,打开深入底层的电路图。

7.3.2　层次原理图设计方法

层次原理图有两种设计方法:自上而下的设计方法和自下而上的设计方法。

顾名思义,自上而下的设计方法就是先绘制顶层原理图,首先确定整个系统由哪些模块组成,各个模块的功能是怎样的,并尽可能确定接口规范,然后由最顶层的原理图开始,从上往下,逐级进行模块设计,最后完成电路设计。

自下而上的设计方法与其相反,开始并不专注于整个系统框架的构建,而是首先根据功能设计的要求完成各个功能模块的具体设计,每个模块都引出相应的接口;然后,自下而上地通过各个底层功能模块逐级生成上层系统,并确定各个模块之间的连接关系,最终汇总成系统的整体设计。

两种方法仅仅在实现过程上有所不同,设计结果应该是相同的,而且对于自下而上的设计方法,在设计之前需要对系统电路有一个大体的规划,不能盲目地设计。

1. 自上而下的设计方法

设计流程如图 7-28 所示。

2. 自下而上的设计方法

设计流程如图 7-29 所示。

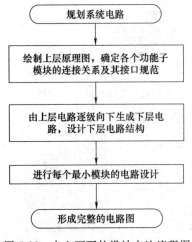

图 7-28　自上而下的设计方法流程图

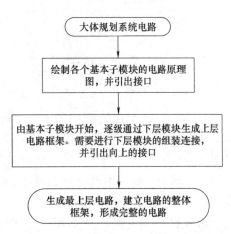

图 7-29　自下而上的设计方法流程图

7.3.3　电路框图的放置

电路框图是层次原理图设计的基础,层次原理图的层次结构主要依靠框图体现。但是电路框图并不是实际的电路图,它和电路图具有对应关系,是电路图的抽象表示。

执行 Place→Sheet Symbol 菜单命令,光标自动变成"十"字形,并带有要放置的图标符号,表示放置电路框图的状态。在要放置框图的起始位置单击,然后移动光标到结束位置单击,即可放置一个电路框图。重复此操作,可以放置多个框图。右键单击,结束放置。

在放置电路框图的状态下按 Tab 键,或者双击放置好的电路框图,或者在放置好的框图上双击,或者在框图上单击鼠标右键,在弹出的对话框中选择 Properties...(特性)按钮,弹出电路框图属性设置界面,如图 7-30 所示,设置电路框图的位置、颜色、大小等属性,其中最需要更改的设置是 File name 和 Name 两个选项。

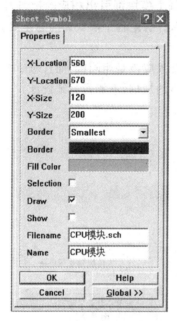

图 7-30　电路框图属性设置对话框

图 7-31　电路框图放置

图 7-32　更改电路框图属性

（1）Filename:指电路框图的文件名称,也可以采用框电路的功能名称。一般情况下都加上文件属性的扩展名,如 CUP 模块 . sch。

（2）Name:一般采用框电路的功能命名,如时钟电路、显示电路。

例如放置一个电路框图如图 7-31 所示,更改其属性,如图 7-32所示,分别将 Filename 设置为电源电路.sch,将 Name 设置为电源电路,结果如图 7-33 所示。

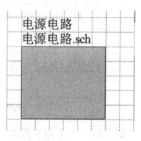

图 7-33　属性修改结果

7.3.4　电路框图的端口放置

每个电路框图表示电路中的一个模块,模块之间存在电路连接。在层次电路中,利用电路框图中的端口进行连接。电路框图端口放置在电路框图中,可以连接多个电路框图。

执行 Place→Add Sheet Entry 菜单命令,光标自动变成“十”字形,并带有要放置的电路框图端口,表示电路框图端口状态。此状态只在电路框图的范围内才能放置,在要放置的位置单击,即可放置一个电路框图端口。重复此操作,可以放置多个电路框图端口,右击结束放置。

在放置电路框图端口状态下按 Tab 键,或者在放置好的电路框图端口双击,或者在放置好的电路框图端口右击,弹出如图 7-34 所示属性对话框,设置电路框图端口的名称、颜色、类型等属性。

电路框图端口需要和其他框图的端口连接以后,才能完整地构成层次电路图。如果电路框图端口命名不相同,需要用电气导线将两者连接起来;如果不同电路框图中的端口命名相同,则相当于网络标号的作用,可以根据设置使其在不同的电路图中有电气连接,相当于特殊的网络标号。

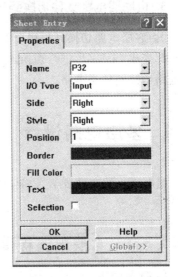

电路框图主要端口属性说明如下。

(1) Name:端口的名称。如果两个端口的名称一样,一般情况下是有电气连接的,虽然可能没有导线连接。与网络标号的作用一样。

(2) I/O Type:输入/输出类型,有 4 种,分别是 Unspecified(未定义)、Output(输出)、Input(输入)、Bidiectional(双向)。

(3) Side:边,4 个选项,分别表示电路框图端口放置的位置,即 Left(左边)、Right(右边)、Top(上边)、Bottom(下边)。

图 7-34 电路框图端口属性对话框

(4) Style:类型,4 个选项,如图 7-35 所示。

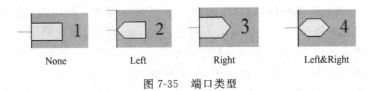

None   Left   Right   Left&Right

图 7-35 端口类型

7.3.5 层次原理图间的切换

当层次原理图的子图比较多,或者电路结构比较复杂时,实现母图和各个子图之间的灵活切换是很重要的。不同层次电路文件之间的切换方法有下述三种。

1. 直接用设计管理器切换文件

直接利用设计管理器实现层次原理图切换是最简单而有效的方法。可以用鼠标直接单击设计管理器中层次原理图前面的 ⊞,打开其树状结构图,直接单击打开的文集即可。

2. 由顶层电路文件切换到底层电路文件

用户在编辑顶层文件时会经常查看某个底层文件。Protel 99 SE 提供了相应的计时操作,用户可以直接单击工具栏上的 Tools,选择 Up Down Hierarchy 进行切换,或者单

击工具栏上的按钮 ，直接切换，单击后，光标变成"十"字形。将光标移到所需切换的电路框图上，即可进行切换。

3. 由底层电路文件切换到顶层电路文件

"由底层电路切换到顶层电路"和"由顶层电路切换到底层电路"方法类似，区别在于，当光标变成"十"字形进行切换时，必须移动光标到底层电路的某个端口。单击，即可由底层电路切换到顶层电路。

7.4 多层电路设计

当电路板的布线比较复杂，或者对电磁干扰要求较高时，应当考虑采用多层板来设计。

7.4.1 多层电路板设计基础知识

1. 概念辨析

（1）多层板，指的是4层或4层以上的电路板。它是在双面板基础上，增加了内部电源层、内部接地层以及若干中间信号层构成的电路板。电路板的工作层面越多，可布线的区域就越多，使得布线更加容易。但是，多层板的制作工艺复杂，制作费用较高。

（2）内电层，内部电源层简称内电层，属于多层板内部的工作层面，是特殊的实心覆铜层。设计者定义的每一个内电层可以为电源网络，也可以为地线网络。一个内电层上可以安排一个电源网络，也可以利用分割电源层的方法使多个电源网络共享同一个电源层。在Protel 99 SE中，系统总共提供了16个内电层。

（3）反转显示，指的是在内电层上有导线的区域，在实际生产出来的电路板中是刻蚀掉的，没有铜箔；而在电路板设计中没有导线的区域，在实际的电路板上却是铜箔。这与前面顶层信号层和底层信号层上放置导线的结果正好相反，因此叫作反转显示。

2. 多层电路板的特点

多层电路板与双面板最大的不同就是增加了内部电源层（保持内电层）和接地层，电源和地线网络主要在电源层上布线。但是，电路板布线主要以顶层和底层为主，以中间布线层为辅。因此，多层板的设计与双面板的设计方法基本相同，其关键在于如何优化内电层的布线，使电路板的布线更合理，电磁兼容性更好。

3. 内电层连接方式

电源和接地网络与内电层连接的方式主要有以下两种，如图7-36所示。

（1）Relief Connect：辐射连接。电源或接地网络与具有相同网络名称的内电层连接时，采用辐射的方式，连接导线的数目有"2"和"4"两种，如图7-36所示。

（2）Direct Connect：直接连接。电源或接地网络与具有相同网络名称的内电层直接连接。

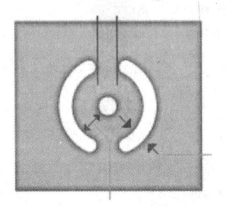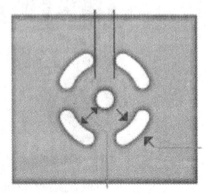

图 7-36　内电层的两种连接方式

4. 多层电路板设计流程

多层板的设计与双面板的设计方法基本相同，其关键是需要添加和分割内电层，因此多层电路板设计除了遵循双面板设计的步骤以外，还需要对内电层进行相应的操作。

内电层的设计流程如图 7-37 所示。

7.4.2　浏览内电层

多层板相对于普通双层板和单层板的一个非常重要的优势就是信号线和电源可以分布在不同的板层上，提高了信号的隔离程度和抗干扰性能。内电层为一个铜膜层，该铜膜被分割为几个相互隔离的区域，每个区域的铜膜通过过孔与特定的电源或地线相连，从而简化电源和地网络的走线，同时有效减小电源内阻。如图7-38所示为与内电层具有相同网络标号的焊盘的连接方式。

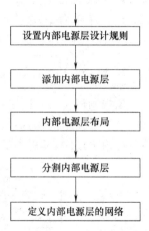

图 7-37　内电层的设计流程

设置内部电源层设计规则

添加内部电源层

内部电源层布局

分割内部电源层

定义内部电源层的网络

7.4.3　设置内电层设计规则

内电层设计规则主要包括内电层安全间距限制设计规则和内电层连接方式设计规则。

执行 Design→Rules... 菜单命令，打开电路板设计规则设置对话框，然后打开选项卡，即可设置内电层设计规则。

内电层设计规则的设置方法与电路板布线设计规则基本相同，本节只简单介绍设计规则功能和各选项的含义。

内电层通常为整片铜膜，与该铜膜具有相同网络名称的焊盘在通过内电层时，系统会

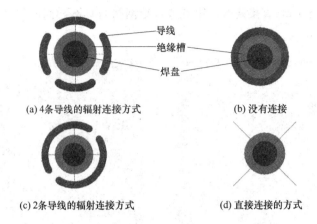

(a) 4条导线的辐射连接方式　　　　　(b) 没有连接

(c) 2条导线的辐射连接方式　　　　　(d) 直接连接的方式

图 7-38　焊盘与内电层的 4 种连接方式

自动将其与铜膜连接起来。焊盘/过孔与内电层的连接形式以及铜膜和其他不属于该网络的焊盘的安全间距都可以在 Power Plane Clearance 选项中设置。执行 Design→Rules... 菜单命令,选择 Manufacturing 选项,其中的 Power Plane Clearance 和 Power Plane Connect Style 选项与内电层相关,其内容介绍如下。

1. Power Plane Clearance(内电层安全间距限制设计规则)

该规则用于设置内电层安全间距,主要指与该内电层没有网络连接的焊盘和过孔与该内电层的安全间距,如图 7-39 所示。在制造的时候,与该内电层没有网络连接的焊盘在通过内电层时,其周围的铜膜被腐蚀掉,腐蚀的圆环尺寸即为该约束中设置的数值。

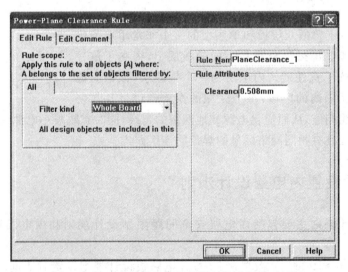

图 7-39　设置内电层安全间距限制设计规则对话框

2. Power Plane Connect Style(内电层连接方式设计规则)

该规则用于设置焊盘与内电层的形式,主要指与该内电层有网络连接的焊盘和过孔与该内电层连接时的形式。

单击 Properties(属性)按钮,弹出规则设置对话框,如图 7-40 所示。对话框左侧为规则的适用范围,在右侧的 Rule Attributes 下拉列表中选择连接方式,有 Relief Connect、Direct Connect 和 No Connect 4 个。Direct Connect 即直接连接,焊盘在通过内电层时,不把周围的铜膜腐蚀掉,焊盘和内电层铜膜直接连接;No Connect 指没有连接,即与该铜膜网络同名的焊盘不会被连接到内电层。一般采用系统默认的 Relief Connect 连接形式。

这种焊盘连接形式通过导体扩展和绝缘间隙与内电层保持连接。其中,在 Conductor Width 选项设置导体出口的宽度;在 Conductors 选项选择导体出口的数目,可以是2个或4 个;Expansion 选项设置导体扩展部分的宽度;在 Air-Gap 选项设置绝缘间隙的宽度。

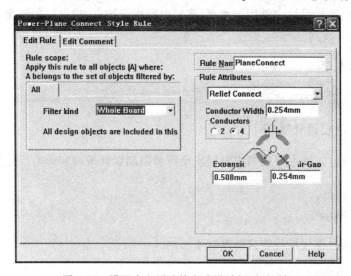

图 7-40 设置内电层连接方式设计规则对话框

7.4.4 分割内电层

在多层板 PCB 设计中,如果需要用到不止一种电源或者不止一组接地,可以在电源层或者接底层使用到内电层的分割实现不同网络的分配。

内电层可以分割成多个独立的区域,每个区域都可以指定连接到不相同的网络。利用分割内电层的方法,用画弧线或者直线的方法来完成。只要画出的某个区域能够构成一个独立的闭合区域,内电层就可以被分割。

7.5 本章总结

多层次原理图设计方法主要采用的是模块化设计理念,将整个系统分为若干简单子模块,针对每个模块进行设计,并且可以调用以前的模块,大大降低了设计难度,节约了时间。

1. 层次原理图设计技巧

通过实例,介绍层次原理图设计技巧。

2. 层次原理图设计方法

通过实例,介绍层次原理图设计方法,以及自上而下和自下而上的设计方法及其使用。

3. 多层电路板设计基础

介绍多层电路板设计中常用的概念、多层电路板的特点、内电层的连接方式以及多层板的设计流程。

4. 浏览内电层

介绍浏览内电层的方法。

5. 设置内电层设计规则

内电层的设计规则主要包括内电层安全距离限制设计规则和内电层连接方式的设计规则。

6. 添加内电层

内电层是通过图层堆栈管理器进行添加的。

7. 分割内电层

在分割内电层之前,需要对具有电源网络的焊盘和过孔重新布局,尽量将具有同一个电源网络的焊盘和过孔放置在相对集中的区域,使内电层被分割的数目尽量少,面积尽量大。

习题

1. 简述层次原理图设计流程。
2. 在层次原理图中,顶层母图和子原理图端口怎样建立连接关系?
3. 多层电路板的特点是什么?
4. 如何在 PCB 编辑器中添加内电层?
5. 在何种情况下需要分割内电层? 怎样分割内电层?

第8章

电路板设计技巧

Protel 99 SE 提供了一些高级编辑技巧,以满足设计的要求,包括放置文字、放置焊盘或者其他组件,以及敷铜、添加泪滴等 PCB 编辑技巧。

技巧对于时间电路的性能提高有很大的作用。本章将详细说明这些技巧。通过学习本项目,应该掌握如下技能:

◆ 测试点设置;

◆ 布线规则设置;

◆ 布局规则设置;

◆ 添加泪滴、敷铜;

◆ 包地设置;

◆ 放置文字、装配孔的技巧。

8.1 项目描述

本项目介绍如何利用 Protel 99 SE 提供的一些 PCB 高级编辑技巧来满足设计的需要,主要包括导线和元件操作技巧,添加泪滴和敷铜的方法,包地设置以及文字和装配孔放置技巧。

8.2 任务 1——如何让电路板 PCB 更实用、美观

1. 阻碍层规则

阻碍层规则主要用于焊盘到阻焊层距离的设计，规则如下所述。

1）阻焊层延伸量

该规则用于焊盘到阻焊层之间延伸距离的设计。在电路板设计和制作的过程中，阻焊层需要预留一部分空间给焊盘。延伸量的作用就是预防阻焊层和焊盘相互重叠，如图 8-1 所示，系统默认值为 4mil。双击，打开如图 8-2 所示对话框，在其右边 Expansion 栏中设置延伸量的大小。

步骤 1：打开需要修改的 PCB 文件。

步骤 2：执行 Design→Rules 菜单命令，在弹出的对话框中打开 Manufacturing 选项卡，然后单击下拉列表中的 Solder Mask Expansion 选项，弹出设置对话框。双击进入修改界面。

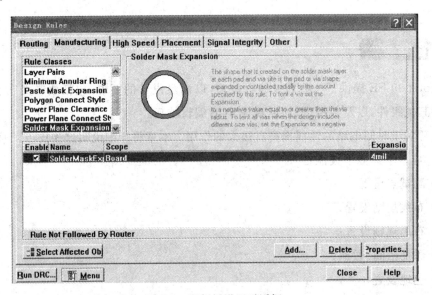

图 8-1 阻焊层设置对话框

2）表面粘着元件延伸量设置

该规则用于设置表面粘着元件的焊盘和焊锡孔层之间的距离，如图 8-3 所示，系统默认为 0mil。双击，可以在其 Expansion 对话框中设置延伸量的大小。

步骤 1：打开需要修改的 PCB 文件。

步骤 2：执行 Design→Rules 菜单命令，在弹出的对话框中选择 Manufacturing 选项，然后单击下拉列表中的 Paste Mask Expansion 选项，打开设置对话框。双击进入修改界面。

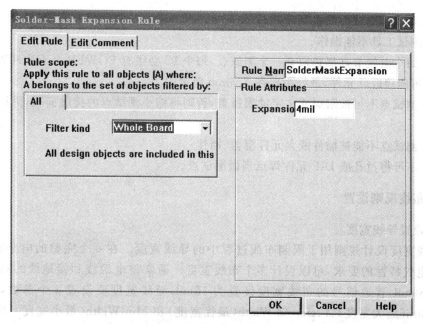

图 8-2 阻焊层延伸量设置对话框

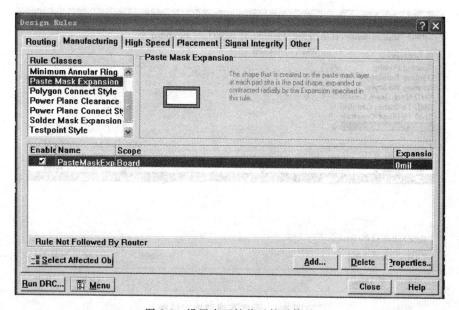

图 8-3 设置表面粘着元件延伸量

2. 设计 PCB 测试点

主要用于设计测试点的形状及用法,如下所述。

(1) 采用非金属化的定位孔,误差小于 0.05mm。定位孔周围 3mm 不能有元件。

(2) 测试点直径不小于 0.8mm,测试点间距不小于 1.27mm,测试点离元件不小于 1.27mm,否则锡会流到测试点上。

（3）如果在测试面放置高度超过 4mm 的元件，旁边的测试点应避开，距离 4mm 以上，否则测试工具不能操作。

（4）每个电气节点都必须有一个测试点，每个 IC 必须有 POWER 及 GROUND 测试点，且尽可能接近此元件，最好距离在 2.5mm 范围内。

（5）测试点不可被阻焊或文字油墨覆盖，否则将缩小测试点的接触面积，降低测试的可靠性。

（6）测试点不能被插件或大元件覆盖、挡住。

（7）不可将过孔或 DIP 元件焊点当做测试点。

3. 布线规则设置

1）设置导线宽度

导线宽度设计规则用于限制布线过程中的导线宽度。在一个完整的电路板上，根据相应电气特性的要求，可以设计多个布线宽度。通常将电源线和接地线的布线宽度设置为 80mil，普通信号的布线宽度设置为 15mil，导线宽度要设置 3 个参数，分别为 Max Width（最大宽度）、Preferred Width（最优宽度）和 Min Width（最小宽度），如图 8-4 所示。

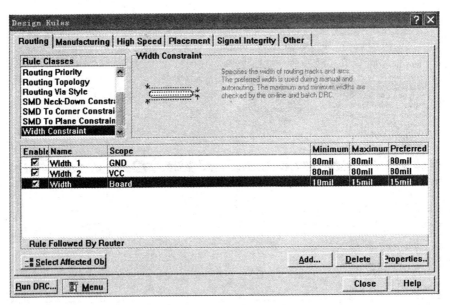

图 8-4　设置布线宽度对话框

步骤 1：执行 Design→Rules 菜单命令，弹出对话框。

步骤 2：单击 Routing 选项，在其对话框中选择 Width Constraint，设置布线宽度。

步骤 3：添加新的布线规则。单击对话框下方按钮 <kbd>Add...</kbd>，弹出如图 8-5 所示对话框。在其 Filter kind 下拉列表中选择 Net 选项，在 Net 对话框中选择需要添加布线规则的网络点。

步骤 4：在 Rule Attributes 对话框中分别输入设置的导线宽度。

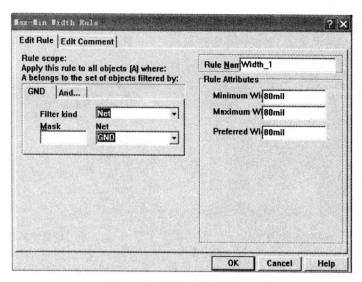

图 8-5　添加接地线布线宽度

2）布线拓扑规则设置

拓扑规则定义采用布线的拓扑逻辑进行约束。Protel 99 SE 提供以下几种布线拓扑规则。

① 最短规则（Shortest）：在布线时，保证连接到所有节点的连线是最短的，如图 8-6 所示。

② 水平规则（Horizontal）：保证连接节点的水平连线最短，如图 8-7 所示。

③ 垂直规则（Vertical）：连接所有节点，保证垂直方向连线最短，如图 8-8 所示。

④ 简单雏菊花规则（Daisy-Simple）：采用链式连通法则，从一个点到另一个点连接所有的节点，并保证连线最短，如图 8-9 所示。

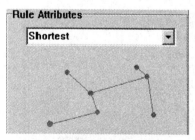

图 8-6　最短拓扑规则

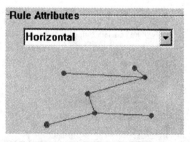

图 8-7　水平拓扑规则

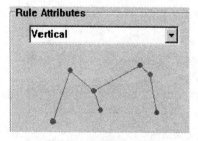

图 8-8　垂直拓扑规则

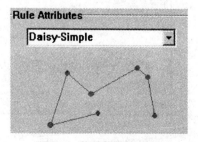

图 8-9　简单雏菊花规则

⑤ 雏菊花中点(Daisy-MidDriven)：选择一个节点作为源点(Source)，以它为中线分别向左、右连通所有的节点，并保证连线最短，如图 8-10 所示。

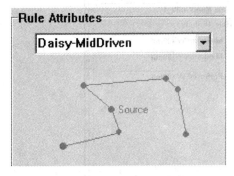

图 8-10　雏菊花中点规则

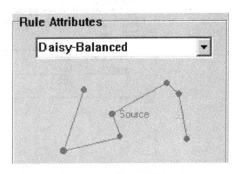

图 8-11　雏菊花平衡规则

⑥ 雏菊花平衡规则(Daisy Balanced)：选择一个节点作为源点(Source)，将所有的中间节点的数目平均分组，所有组都连接到源点，使连线最短，如图 8-11 所示。

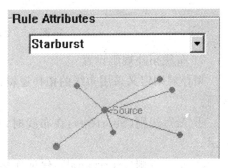

⑦ 星形规则(Starburst)：选择一个节点作为源点(Source)，以星形方式连接到别的节点，并保证连线最短，如图 8-12 所示。

操作步骤如下所述。

步骤 1：执行 Design→Rules 菜单命令，弹出对话框，如图 8-13 所示。

步骤 2：选择 Routing 选项，在其对话框中选择 Routing Topology，设置拓扑规则。

图 8-12　星形规则

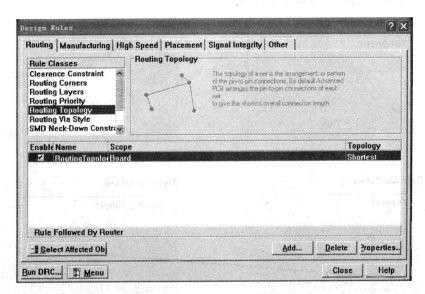

图 8-13　设置拓扑规则对话框

3）布线优先级别设置

该规则用于设置布线的优先次序，数值范围为 0～100，数值越大，优先级别越高，如图 8-14 所示，双击进入修改界面，系统默认值为 0。

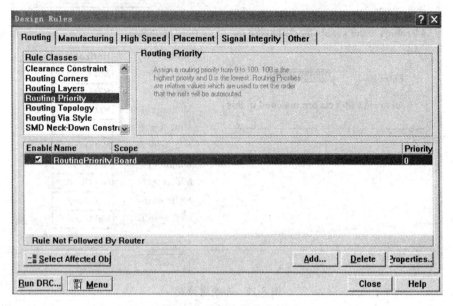

图 8-14 设置布线优先级别

步骤 1：执行 Design→Rules 菜单命令，弹出对话框。

步骤 2：单击 Routing 选项，在其对话框中选择 Routing Priority，设置拓扑规则。

4）布线层设置

该规则用于设置布线板层导线走线的方式，包括顶层和底层布线层，共计 32 个布线层，如图 8-15 所示。如果设计的是双层板，Mid Layer1 到 Mid Layer130 都是不存在的。选项如为灰色，表示不可用，只能使用 Top Layer 和 Bottom Layer 两层，每层都对应右边所示该层的布线方法。

Protel 99 SE 提供了 11 种布线方法，如图 8-16 所示，分述如下。

① Not Used：该层不布线。

② Horizontal：该层水平方向布线。

③ Vertical：该层垂直方向布线。

④ Any：该层任意方向布线。

⑤ 1 O"Clock：该层 1 点钟方向布线。

⑥ 2 O"Clock：该层 2 点钟方向布线。

⑦ 4 O"Clock：该层 4 点钟方向布线。

⑧ 5 O"Clock：该层 5 点钟方向布线。

⑨ 45 Up：该层向上 45°方向布线。

⑩ 45 Down：该层向下 45°方向布线。

⑪ Fan Out：该层以扇形方向布线。

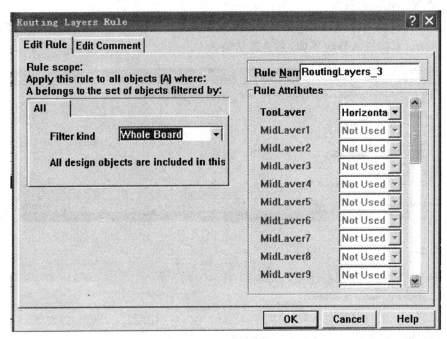

图 8-15　布线层设置

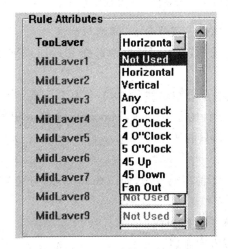

图 8-16　布线方法

5）拐角设置

布线的拐角有三类：45°、90°和圆形拐角，分别如图 8-17～图 8-19 所示。

步骤 1：执行 Design→Rules 菜单命令，弹出对话框。

步骤 2：单击 Routing 选项，在其对话框中选择 Routing Corners，进行拐角设置。

步骤 3：双击进入编辑窗口，如图 8-20 所示，在其 Style 下拉菜单中选择拐角类型。

6）导孔设置

该设置规则用于设置布线中导孔的尺寸，对话框如图 8-21 所示。设置的参数包括导

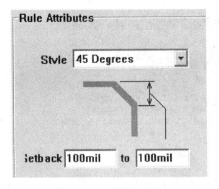

图 8-17　45°拐角设置

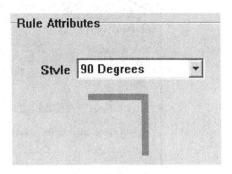

图 8-18　圆形拐角设置

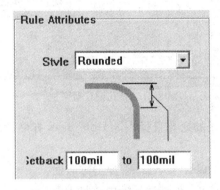

图 8-19　90°拐角设置

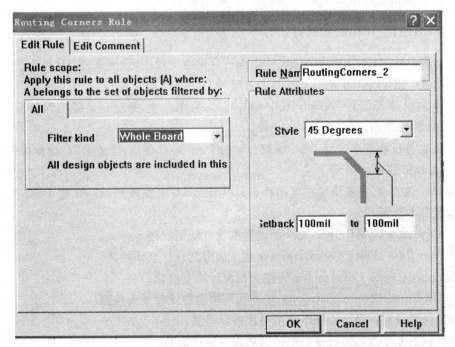

图 8-20　拐角设置对话框

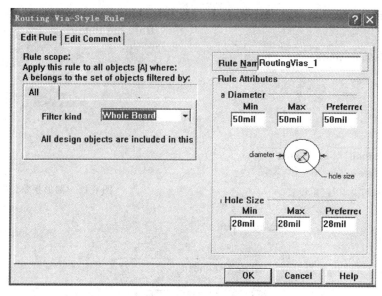

图 8-21　导孔设置对话框

孔直径 Via Diameter 和导孔的通孔直径 Via Hole Size，有最大值（Max）、最小值（Min）、最佳值（Preferred）之分。

步骤 1：执行 Design→Rules 菜单命令，弹出对话框。

步骤 2：选择 Routing 选项，在其对话框中选择 Routing Via Style，设置导孔。

步骤 3：双击进入编辑界面。

4. PCB 验证（即错误检查）

电路板设计完成之后，为确保设计工作符合设定的规则，Protel 99 SE 提供了设计规则检测功能 DRC（Design Rule Check），实现对 PCB 的完整性检查。

步骤 1：执行 Tools→Design Rule Check... 菜单命令，系统自动弹出设计规则检测对话框，如图 8-22 所示。

步骤 2：按设置要求进行 DRC 检测。单击 Run DRC 按钮，生成 DRC 检测报告，文件名为 ∗.drc，如图 8-23 所示。

Report 选项卡：主要用于在电路板设计完成后，对电路板进行一次性 DRC 检测，其中各选项简述如下。

① Clearance Constraints：安全距离限制设计规则检测。

② Max/Min Width Constraints：布线宽度限制设计规则检测。

③ Short Circuit Constraints：短路限制设计规则检测。

④ Un-Routed Net Constraints：未布线网络限制设计规则检测。

其余选项只有在设计特殊电路板时才需要检测。

对话框下方文件选项设置栏中各选项内容简述如下。

① Create Report File：设计检测的结果将生成报表文件。

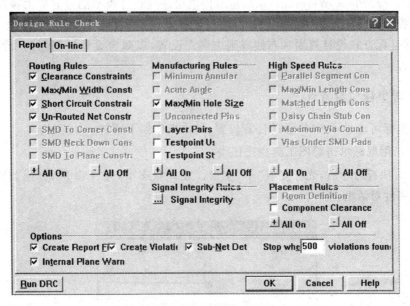

图 8-22 DRC 检测对话框

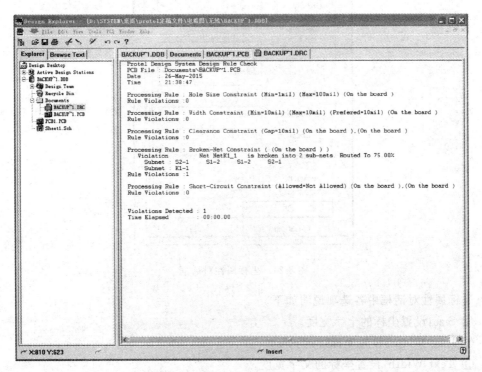

图 8-23 DRC 检测报告

② Create Violations：在设计检测结果中，将违反设计规则的地方用浅绿色标注出来。

③ Sub-Net Details：系统将在生成的报表文件中详细列出违反设计规则的子网络，包括焊盘、导线、过孔等具有网络标号的元件。

④ Internal Plane Warnings：系统将对内电层违反设计规则的地方提出警告。

要点提示：在进行设计规则检测时，需要了解，所设置的检验项目是电路板必须满足的规则，并且保证在设计规则和布线规则中事先设置，以减少设计检测器的检测内容，加快检测进程。

5. 放置坐标与参考点

放置坐标可以显示 PCB 上的任意位置，具体操作如下所述。

步骤 1：用鼠标单击绘图工具栏按钮 $+^{10,10}$ 。

步骤 2：执行命令后，光标变成"十"字形。在此状态下，按 Tab 键，弹出如图 8-24 所示的坐标属性对话框。

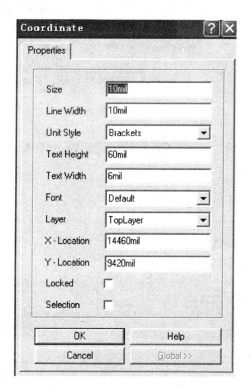

图 8-24　坐标属性对话框

坐标属性对话框中各选项说明如下。

① Size：设置坐标的十字宽度。

② Line Width：设置坐标线的宽度。

③ Text Width：设置坐标的文字宽度。

④ Text Height：设置坐标所占的高度。

⑤ Font：设置坐标文字所用的字体。

⑥ Unit Style：设置坐标指示放置的方式，None 为无单位，Normal 为常用方式，Barckets 为使用括号方式。

步骤3：设置完毕，退出对话框，单击，把坐标放到相应的位置，如图8-25所示。

6. 添加泪滴

电路板设计过程中，为了保证焊盘更加固定，防止机械制板时造成焊盘和导线之间断开，会在焊盘和导线之间用铜膜布置一个过渡区域，形状像泪滴，故称为添加泪滴。泪滴添加对话框如图8-26所示。

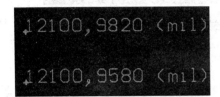

图 8-25　放置多个坐标

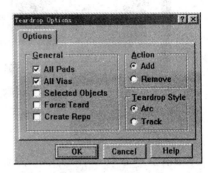

图 8-26　泪滴添加对话框

Options选项内容如下所述。

① All Pads：对所有焊盘添加泪滴操作。

② All Vias：对所有导孔添加泪滴操作。

③ Selected Objects only：对选中元件添加泪滴操作。

④ Force Teardrops：强制性添加泪滴。

⑤ Create Report：添加泪滴后，生成添加泪滴报告文件。

针对图8-27所示导线较细、焊盘较大的情况，执行添加泪滴操作。

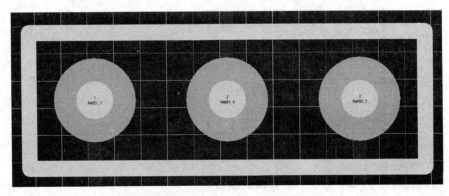

图 8-27　选择需要添加泪滴的焊盘

步骤1：执行 Tools→Teardrop Options 菜单命令，弹出放置泪滴对话框。

步骤2：在对话框中左边区域指定选项，在右边 Action 作用区域中选中 Add，在 Teardrops Style(泪滴类型)区域选中任一项。

步骤3：单击 OK 按钮，程序立即对所有焊盘和过孔添加泪滴，效果如图 8-28 所示。

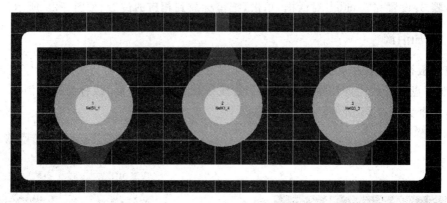

图 8-28　添加泪滴的结果

7. 敷铜

通常在 PCB 的设计过程中，为确保电路的抗干扰能力，会将电路板上没有布线的空白区域敷满铜膜。一般将所敷铜膜接地，使电路板有更好的抵抗外部信号干扰的能力，敷铜对话框如图 8-29 所示。

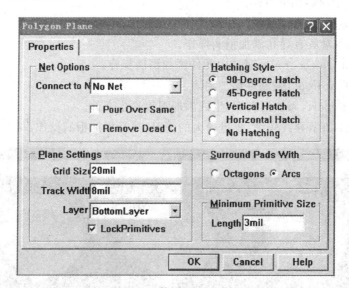

图 8-29　敷铜设置对话框

在敷铜设置对话框中有 5 个栏目需要设置。

（1）Net Options：设置所敷多边形铜膜和电路网络之间的关系，各选项作用如下所述。

① Connect to Net：此选项为下拉表，选择所敷的多边形铜膜必须和敷铜连接电路网络建立电气连接。选择 No Net，指不和任何网络连接

② Pour Over Same Net：此选项为复选框，表示遇到同该敷铜连接的铜膜导线时是否覆盖其铜膜导线。选中该项，则覆盖铜膜导线。

③ Remove Dead Copper：是否将死铜删除，也就是所谓孤立的敷铜。

（2）Plane Settings：设置敷铜的格点之间的间距以及所在板层。各选项作用如下所述。

① Grid Size：设置敷铜格点的间距。

② Track Width：设置所敷铜的线宽。

③ Layers：指定放置敷铜的层面。

（3）Hatching Style：设置敷铜的填充风格。

（4）Surround Pads With：指定敷铜绕过焊盘的方式。

（5）Minimum Primitive Size：指定敷铜线的最短长度。

步骤1：执行 Place→Polygon Plane 菜单命令，弹出对话框，完成属性设置。

步骤2：单击 OK 按钮，光标变成"十"字形。将光标移动到合适的位置，单击，确定放置敷铜的起始位置；再移动光标到合适的位置，确定所选敷铜范围的各个端点。

步骤3：敷铜区域选好后，右击退出，系统自动敷铜，效果如图8-30所示。

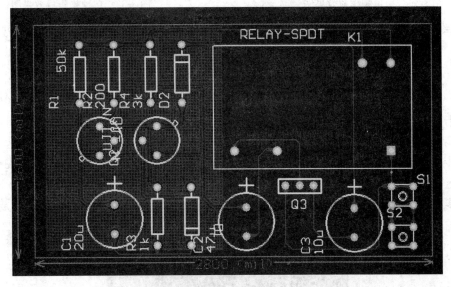

图 8-30　敷铜结果

8. 包地

过孔包地是为了解决电路板设计中的抗干扰性而采取的措施。即用接地的导线将某一网络包住，利用接地屏蔽的方式来抵抗干扰。

步骤1：执行 Edit→Select→Net 菜单命令，光标变成"十"字形。

步骤2：移动光标到需要包地的网络处，单击，选中该网络。若没有定义网络，选择Select 菜单下的 Connected Copper 选项，选择包地的导线。

步骤3：执行 Tools→Outline Selected Objects 菜单命令，系统自动为选中的网络或者导线执行相应的包地操作。包地操作前后效果图如图8-31和图8-32所示。

步骤4：若不需要包地，执行 Edit→Select→Connected Copper 菜单命令，鼠标变成

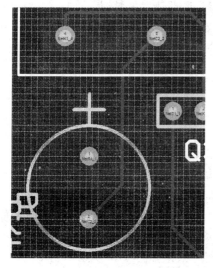

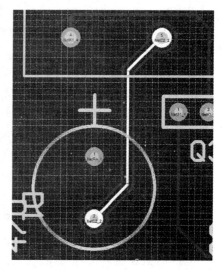

图 8-31　包地操作前效果图　　　　　　　图 8-32　包地操作后效果图

"十"字形。移动光标,选中要删除的包地导线,按 Delete 键,删除不需要的包地导线。

9. 放置过孔

过孔是为了实现不同层之间的网络连接而设置的通孔或盲孔。过孔的多少对 PCB 的性能有很大影响,特别是高速 PCB 的设计。

步骤 1:用鼠标单击绘图工具栏按钮 📍,或执行菜单命令 Place→Via。

步骤 2:执行命令后,光标变成"十"字形。将光标移到所需的位置,单击鼠标左键,将一个过孔放置在该处。

步骤 3:将光标移到新的位置,按照上述步骤,放置其他过孔。图 8-33 所示为放置了过孔的图形。

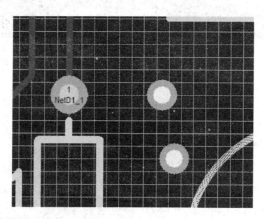

图 8-33　放置多个过孔

步骤 4:双击鼠标右键,光标变成箭头后,退出该命令状态。

在放置过孔时按 Tab 键,或者在电路板上用鼠标双击过孔,将弹出如图 8-34 所示的过孔属性对话框。主要选项含义如下所述。

① Diameter 栏:设置过孔直径。

② Hole Size 栏:设置过孔的通孔直径。

③ Start Layer 栏:设置过孔穿过的开始层,可以选择 Top(顶层)或 Bottom(底层)。

④ End Layer 栏:设置过孔穿过的结束层,可以选择 Top(顶层)或 Bottom(底层)。

⑤ Net 栏:该过孔是否与 PCB 的网络相连。

⑥ Testpoint 栏:与焊盘的属性对话框相应的选项意义一致。

⑦ Solder Mask 栏:设置过孔的助焊膜属性。可以选择 Override,设置助焊膜延伸值。如果选中 Tenting,则助焊膜是一个隆起,此时不能设置助焊延伸值。

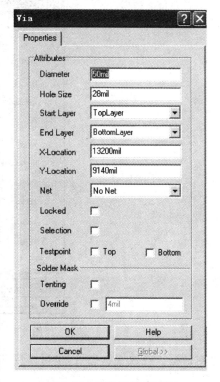

图 8-34　过孔属性对话框

10. 放置填充

填充一般是用于制作 PCB 插件的接触面或用于增强系统的抗干扰性而设置的大面积电源或地。在制作印制电路板的接触面时,放置填充的部分在实际制作的电路板上是外露的敷铜区。填充通常放置在 PCB 的顶层、底层或内部层的电源和接地层上。

放置填充的操作步骤如下所述。

步骤 1:用鼠标单击绘图工具栏按钮▨,或执行菜单命令 Place→Keepout→Fill。

步骤 2:执行该命令,用户只需确定矩形块的左上角和右下角位置。图 8-35 所示为放置的填充。

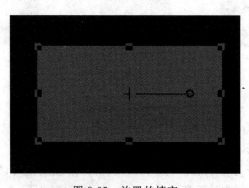

图 8-35　放置的填充

放置填充之后,如果需要对其进行编辑,选中填充,然后单击鼠标右键,从弹出的快捷菜单中选取 Properties 命令,或者用鼠标双击坐标,系统将弹出如图 8-36 所示的填充属

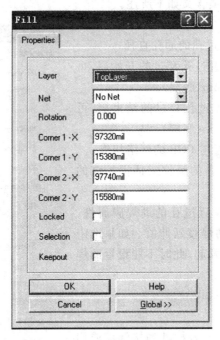

图 8-36　Fill(填充属性)对话框

性对话框。在放置状态下,也可以按 Tab 键,先编辑对象,再放置填充。

11. 放置焊盘

焊盘有通孔式的,也有仅放置在某一层面上的贴片式(主要用于表面装元件);外形有圆形(Round)、正方形(Rectangle)和正八边形(Octagonal)等,如图 8-37 所示。焊盘的属性对话框如图 8-38 所示。

图 8-37　焊盘的 3 种基本形状

步骤 1:执行 Place→Pad 菜单命令,或单击工具栏按钮 ●,进入放置焊盘状态。移动光标到合适位置后,单击鼠标左键,放下一个焊盘。此时仍处于放置状态,可继续放置焊盘。单击鼠标右键,退出放置状态。

步骤 2:在焊盘处于悬浮状态时,按 Tab 键,弹出焊盘属性对话框。

属性面板中的各项内容如下所述。

(1) Properties 选项卡如下。

① X-Size 栏:设置焊盘的 X 轴尺寸。

② Y-Sizes 栏:设置焊盘的 Y 轴尺寸。

③ Shape 栏:设置焊盘的形状。

④ Designator 栏:设置焊盘的编号。

⑤ Hole Size 栏:设置焊盘的钻孔大小。

⑥ Layer 栏:设置焊盘所在层。

⑦ Rotation 栏:设置焊盘旋转的角度。

⑧ X-Location 栏:设置确定焊盘位置的 X 轴坐标。

⑨ Y-Location 栏:设置确定焊盘位置的 Y 轴坐标。

⑩ Locked 复选框:设定该焊盘是否为单一图件。如果选取本复选框,该焊盘将为单一图件;如果未选取本复选框,该焊盘将被分解为多个独立的图件。

⑪ Selection 复选框:设定该焊盘是否为选取状态。

⑫ Testpoint 栏:有两个选项,即 Top 和 Bottom。如果选择了这两个复选框,可以分别设置焊盘的顶层或底层为测试点。设置测试点属性后,在焊盘上显示 Top&Bottom Test-point 文本,并且 Locked 属性同时被自动选中,使该焊盘被锁定。

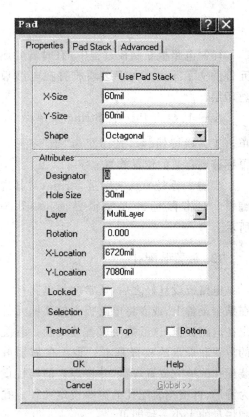

图 8-38 焊盘属性设置对话框

(2) Pad Stack 选项卡如下。

Pad Stack 选项卡中共有 3 个区域,即 Top、Middle 和 Bottom 区域,分别用于指定焊盘在顶层、中间层和底层的大小和形状。每个区域里有以下相同的 3 个选项。

① X-Size 栏:设置焊盘 X 轴尺寸。

② Y-Size 栏:设置焊盘 Y 轴尺寸。

③ Shape 栏:选择焊盘形状。

(3) Advanced 选项卡如下。

① Net 栏:设定焊盘所在网络。

② Electrical type 栏:指定焊盘在网络中的电气属性,包括 Load(中间点)、Source(起点)和 Terminator(终点)。

③ Plated 栏:设定是否将焊盘的通孔孔壁加以电镀。

④ Solder Mask 栏:为设置焊盘的助焊膜属性,选择 Override,可设置助焊盘延伸值,这对于设置 SMT(贴片封装)式的焊点非常有用;如果选中 Tenting,则助焊膜是一个隆起,此时不能设置助焊延伸值。

⑤ Paste Mask 栏:为设置焊盘阻焊膜的属性,可以修改 Override 阻焊延伸值。

12. 放置文字

印制电路板在制板过程中,有时需要放置元件的文字标注。文字必须放置在电路板的丝印层。

步骤1:执行 Place→String 菜单命令,或单击工具栏按钮 T ,光标变为"十"字形。将鼠标移到合适的位置放置文字。

步骤2:系统默认文字是 String,对其进行编辑。双击鼠标进入编辑界面,如图 8-39所示。

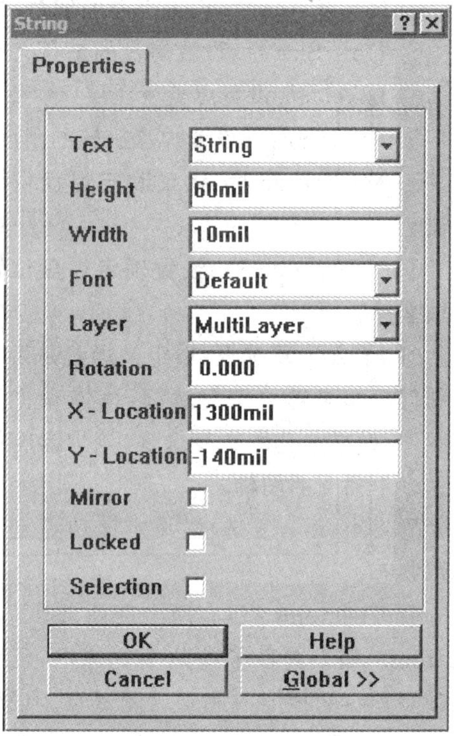

13. 放置装配孔

电路板设计好之后,通常会将电路板固定在某个设备上,或者将电路板上的某些元件固定在电路板上,这就需要放置装配孔。装配孔的放置和焊盘的放置基本一致。在需要放置装配孔的地方放置焊盘,并将焊盘的属性设置为圆形,再根据装配孔的需要设定孔径。孔径和焊盘的大小一致即可。

☞上交作品

将作品的打印件粘贴在以下位置。

图 8-39 文字属性设置对话框

教学效果评价

教学效果评价	学生评教	学生对该课的评语:	
		整体感觉 很满意□ 满意□ 一般□ 不满意□ 很差□	
	教师评学	过程考核情况	
		结果考核情况	
		评价等级 优□ 良□ 中□ 及格□ 不及格□	

8.3 任务 2——强化训练

进一步优化继电器控制电路的 PCB（包地、补泪滴、敷铜），如图 8-40～图 8-42 所示。

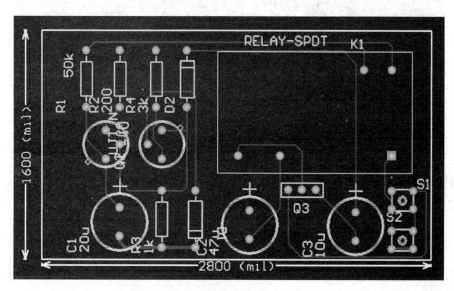

图 8-40 继电器控制电路板包地效果图

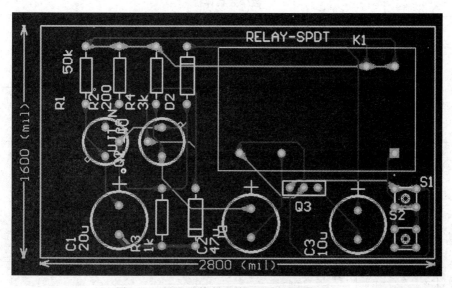

图 8-41 继电器控制电路板添加泪滴效果图

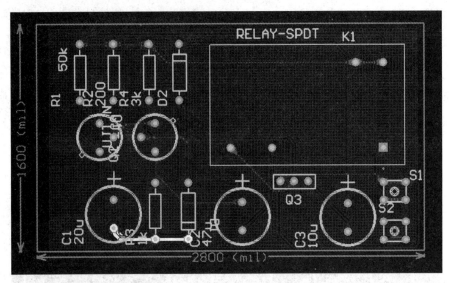

图 8-42　继电器控制电路板敷铜效果图

☞**上交作品**

　　将作品的打印件粘贴在以下位置。

教学效果评价

教学效果评价	学生评教	学生对该课的评语：	
		整体感觉　　　很满意□　满意□　一般□　不满意□　很差□	
	教师评学	过程考核情况	
		结果考核情况	
		评价等级　　　优□　良□　中□　及格□　不及格□	

8.4 本章总结

Protel 99 SE 提供了高级技巧,运用这些技巧有利于设计特殊电路,并对其性能有很大的提高,而且使电路板更实用、美观。

1. 阻碍层规则设置

阻碍层规则主要用于焊盘到阻焊层距离的设计。

2. 布线规则设置

主要内容包括:导线宽度设计规则用于限制布线过程中的导线宽度;拓扑规则定义采用布线的拓扑逻辑进行约束;布线的优先次序设置;布线层设置主要用于设置布线板层的导线布线方式,包括顶层和底层布线层,共计 32 个布线层;布线的拐角设置包括 45°、90° 和圆形拐角;导孔设置规则,用于设置布线中的导孔尺寸。

3. PCB 验证(即错误检查)

Protel 99 SE 提供了设计规则检测功能 DRC(Design Rule Check),实现对 PCB 板的完整性检查。

4. 放置坐标与参考点

放置坐标,显示 PCB 上的任意位置。

5. 添加泪滴、敷铜、包地

在电路板设计过程中,为了保证焊盘更加固定,防止机械制板时造成焊盘和导线之间断开,在焊盘和导线之间用铜膜布置一个过渡区域,称为添加泪滴。将电路板上没有布线的空白区域敷满铜膜。一般将所敷的铜膜接地,以便电路板免受外部信号的干扰。过孔包地是为了解决电路板设计中的抗干扰问题,即用接地的导线将某一网络包住,利用接地屏蔽的方式来抵抗干扰。

6. 放置过孔、填充、焊盘

过孔是为了实现不同层之间的网络连接而设置的通孔或盲孔。过孔的多少对 PCB 的性能具有很大影响,特别是高速 PCB 的设计;填充一般是指为了制作 PCB 插件的接触面,或用于增强系统的抗干扰性而设置的大面积电源或地。焊盘有通孔式的,也有放置在某一层面上的贴片式的(主要用于表面装元件),外形有圆形(Round)、正方形(Rectangle)和正八边形(Octagonal)等。

7. 放置文字、装配孔

在制作印制电路板的过程中,有时需要放置元件的文字标注。注意,文字必须放置在电路板的丝印层。电路板设计好之后,通常会将电路板固定在某个设备上,或者是将电路板上的某些元件固定在电路板上,这就需要放置装配孔。

习题

 1. 怎样对重要的信号线实现包地?

 2. 对地敷铜时,地线的铜箔与具有地线网络的过孔、焊盘有几种连接方式? 各有什么不同?

 3. 如何给电路板添加相应的文字以及装配孔?

 4. 如何利用高级技巧,对单面板电路和双面板电路进行 PCB 美化设计?

第9章

PCB设计综合实例

教学导入

　　PCB 设计是所有设计的最终环节,之前介绍的原理图设计等工作只是从原理图上给出电气连接的关系,最终的功能是实现 PCB 的设计,因为制板时只需要提供 PCB 设计图,而不是原理图。

　　对于简单的电路,可以不画原理图,直接设计 PCB 图,但不鼓励初学者这样做。PCB的布局布线是否合理,将直接影响所设计产品的稳定性和抗干扰性能。通过学习本项目,应该掌握如下技能:

　　◆ PCB 设计流程;

　　◆ 规划电路板,设置属性;

　　◆ 元件布局;

　　◆ 布线。

　　设计者要想真正掌握电路板设计技能,必须通过实际参与设计、制作 PCB,包括软件应用和电路设计。只有通过不断的实践,才能提高 PCB 设计水平。本章通过工程实践中常用的 PCB 来介绍相关内容,提出要求,解决问题。

9.1　印制电路板设计流程

　　在进行 PCB 设计之前,首先绘制原理图,建立相应的 PCB 文件,再根据要求设置参数,导入网络表文件,最后完成元件布局、布线,并检查输出结果。整个任务的设计流程如

图 9-1 所示。

步骤 1：新建一个数据库 DDB 项目文件。运行 Protel 99 SE，执行 File→New Design 菜单命令，新建 DDB 文件并保存，文件名自定。

步骤 2：在该文件下新建一个 SCH 文件。执行 File→New 菜单命令，在弹出的对话框中选择 Schematic Document，并保存文件。

步骤 3：按照规范设计原理图，注意标号的唯一性和正确性，电气连接的正确性，并保证每个元件都有唯一且正确的封装号。

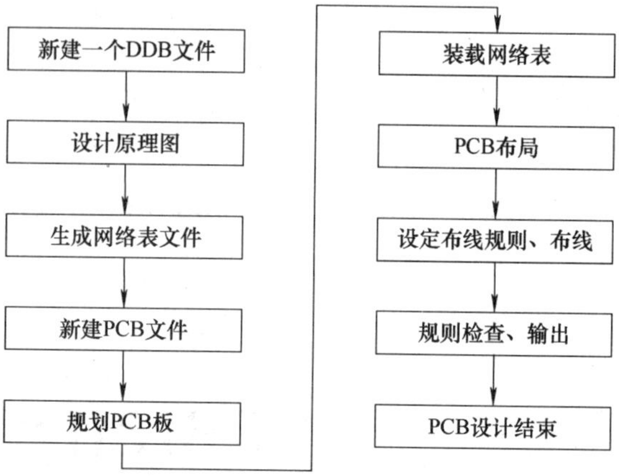

步骤 4：检测原理图无错误，执行 Design→Create Netlist 菜单命令，生成网络表，并保存文件。

步骤 5：在 DDB 项目文件下新建 PCB 文件。执行 File→New 菜单命令，在弹出的对话框中选择 PCB Document，并保存文件。

步骤 6：规划 PCB。在 PCB 设计界面，首先将 Keepout Layer 层切换为当前工作层，利用绘图工具的画线工具，绘制 PCB 的边缘线。绘制过程中要设置原点，用 View/Toggle units 完成公制（mm）和英制（mil）单位切换。

步骤 7：加载网络表和元件封装。添加常用的 PCB 封装库。执行 Design→Load Nets 菜单命令，在没有错误的情况下，单击 Execute，将网络表导入 PCB。

步骤 8：自动布局。执行 Tools→Auto Placement→Auto Placer 菜单命令，系统自动布局。

步骤 9：手动布局。手动调整元件的位置。一般情况下，根据电路原理图的走向布局。

步骤 10：设定布线规则。完成布局后，必须先设置布线规则，否则布线可能无法正常完成。布线规则较多，必须设定的规则有三类：安全距离设定、导线粗细设定和布线层设定。

步骤 11：人工布线或自动布线。布线规则设置好后就可以布线了。手工布线时，要注意切换到正确的板层。如果自动布线，执行 Auto Route→All 菜单命令，然后单击 Route all。

步骤 12：调整。如果对布线结果不满意，对相关器件进行调整（移动、旋转、翻转或者更换）。

图 9-1 印制电路板设计流程

新建一个DDB文件 → 设计原理图 → 生成网络表文件 → 新建PCB文件 → 规划PCB板 → 装载网络表 → PCB布局 → 设定布线规则、布线 → 规则检查、输出 → PCB设计结束

9.2 任务 1——单面板设计实例

9.2.1 看门狗电路设计

本节通过讲解看门狗电路单片板设计实例，介绍电路板设计步骤。

设计要求：

(1) 设计单层电路板。

(2) 电源、地线的铜膜线宽度为 25mil。

(3) 一般布线宽度为 10mil。

(4) 手工布局、手工布线。

1. 启动 Protel 99 SE 软件，创建文件

步骤 1：双击桌面图标，打开 Protel 99 SE 软件。

步骤 2：执行 File→New Design 菜单命令，新建数据库文件，保存为看门狗电路.DDB，如图 9-2 所示。

步骤 3：执行 File→New 菜单命令，新建一个原理图文件。打开原理图编辑器，如图 9-3 所示。

图 9-2　建立数据库文件

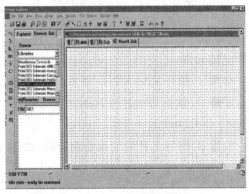

图 9-3　原理图编辑器窗口

2. 加载元件库

步骤 1：执行 Design→Add/Remove Library 菜单命令，找到软件安装根目录下自带封装库的路径。

步骤 2：加载 Miscellaneous Devices. ddb 和 Protel DOS Sch Libraries. ddb。

3. 设置原理图参数

步骤 1：执行 Design→Document Option... 菜单命令，或者在编辑器窗口单击鼠标右键，执行 Options→Document Options... 菜单命令，弹出图纸设置对话框，如图 9-4 所示。

步骤 2：将图纸设置为 A4 大小，其他参数采用默认值。

4. 创建元件

电路图中的 CD4060 和场效应管 IRF540 在 Protel 99 SE 自带的库里没有，首先应绘

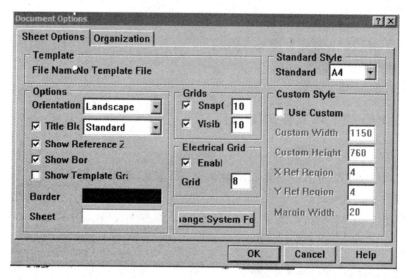

图 9-4　Document Options 对话框

制默认的元件。

　　步骤 1：执行 File→New 菜单命令，新建 Schlib1. Lib 文件。

　　步骤 2：执行 Tools→New Component 菜单命令，新建元件，并将其分别命名为
IRF540 和 CD4060。

　　步骤 3：利用工具栏工具绘制元件，如图 9-5 所示。

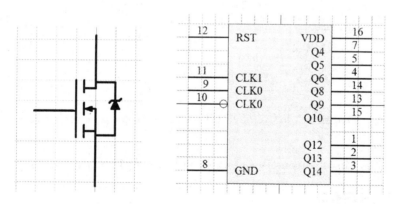

图 9-5　绘制 IRF540 和 CD4060 元件

5. 绘制原理图

绘制如图 9-6 所示看门狗电路原理图，元件详细信息参照表 9-1，并进行编译。

6. 创建网络表文件

步骤 1：执行 Design→Create Netlist 菜单命令，创建网络表文件，如图 9-7 所示。
步骤 2：单击 OK 按钮，完成网络表的创建，系统自动生成文件看门狗电路. net。

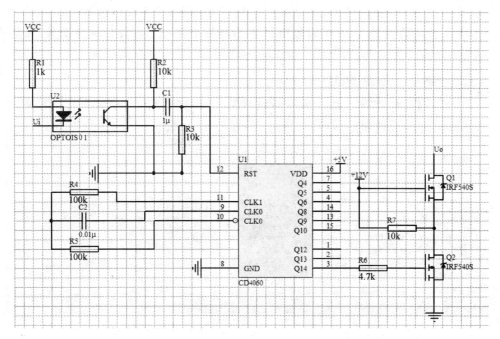

图 9-6　看门狗电路原理图

表 9-1　看门狗电路元件信息表

元件序号	元件封装	元件大小	元件所在库	元件名称
R1	AXIAL0.4	1k	Miscellaneous Devices. Lib	RES2
R2	AXIAL0.4	10k	Miscellaneous Devices. Lib	RES2
R3	AXIAL0.4	10k	Miscellaneous Devices. Lib	RES2
R4	AXIAL0.4	100k	Miscellaneous Devices. Lib	RES2
R5	AXIAL0.4	100k	Miscellaneous Devices. Lib	RES2
R6	AXIAL0.4	4.7k	Miscellaneous Devices. Lib	RES2
R7	AXIAL0.4	10k	Miscellaneous Devices. Lib	RES2
U1	DIP16		自建库	CD4060
U2	DIP4		Miscellaneous Devices. Lib	OPTOIS01
Q1	TO-220		自建库	IRF540S
Q2	TO-220		自建库	IRF540S
C1	RAD0.3	1μ	Miscellaneous Devices. Lib	CAP
C2	RAD0.3	0.01μ	Miscellaneous Devices. Lib	CAP

7. 创建 PCB 文件，规划电路板

步骤 1：执行 File→New 菜单命令，创建文件看门狗.PCB。

步骤 2：执行 Design→Options 菜单命令，打开如图 9-8 所示文档选项对话框。

步骤 3：在对话框的 Layers 标签中设置印制板工作层。该设计为单面板，所以在 Signal layers（信号层）中只打开 BottomLayer（底层）。

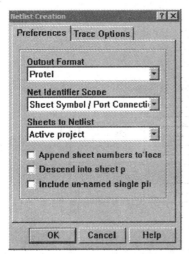

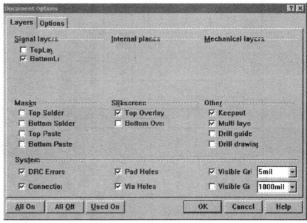

图 9-7　创建网络表对话框

图 9-8　文档选项对话框

步骤 4：执行 Edit→Origin→Set 菜单命令，在图纸上单击任意一点作为电路板原点。

步骤 5：单击板层标签中的 Mechanical1（机械层 1），将当前工作层切换到第一机械层，如图 9-9 所示。在此层绘制电路板的物理边界 50mm×30mm，如图 9-10 所示。

图 9-9　将 Mechanical1 设置为当前层

步骤 6：单击工作层标签 KeepOutLayer（禁止布线层），然后沿着绘制好的物理边界绘制电路板电气边界，如图 9-11 所示。

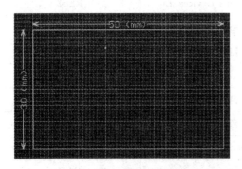

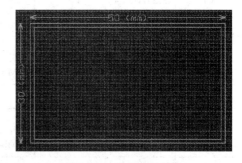

图 9-10　绘制电路板物理边界

图 9-11　绘制电气边界

8. 加载封装库、网络表文件

步骤 1：加载封装库。执行 Design→Add/Remove Library 菜单命令，弹出如图 9-12

所示对话框,从中可以看出软件默认安装路径下自动封装库的路径。

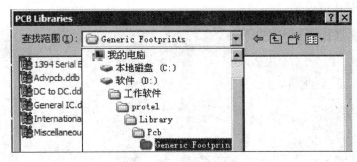

图 9-12　封装库路径

步骤 2:加载 General IC. lib、Miscellaneous. lib 封装库,其中有电路所用的基本封装。如果不添加,网络表导入时会产生错误。

步骤 3:加载网络表。打开工作标签中的 Mechanical1(机械层 1),然后执行菜单命令 Design→Load Nets,弹出如图 9-13 所示加载网络表对话框。

步骤 4:单击对话框中的按钮 Browse...,弹出如图 9-14 所示的选择网络表文件对话框。选中文件看门狗 .net,单击 OK 按钮,加载网络表文件。

步骤 5:单击按钮 Execute,将网络表加载到电路板文件中,如图 9-15 所示。

图 9-13　加载网络表对话框

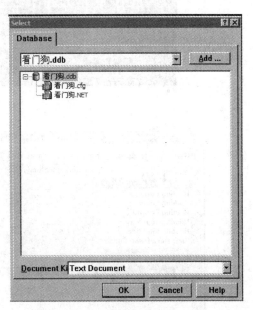

图 9-14　选中网络表文件对话框

9. PCB 布局、布线

步骤 1:手工调整元件,如图 9-16 所示。

步骤 2:执行 Design→Rules 菜单命令,弹出如图 9-17 所示设置布线规则对话框,其中包括 Clearance Constraint（走线安全距离）、Routing Corners（走线拐角模式）等 10 项
内容。本例按默认值设置。

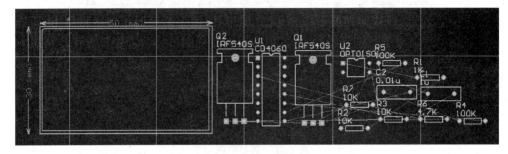

图 9-15　把网络表加载到电路板中

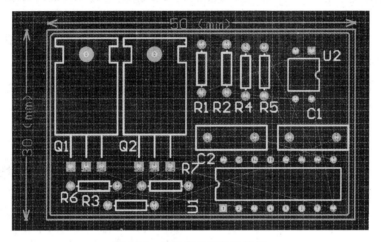

图 9-16　手动布局后的电路板

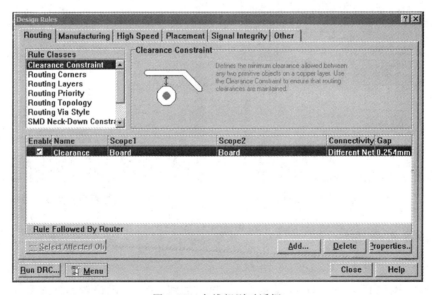

图 9-17　布线规则对话框

步骤 3：执行 Auto Route→All 菜单命令，弹出如图 9-18 所示对话框。采用系统默认设置，然后单击按钮 Route All，执行自动布线，结果如图 9-19 所示。

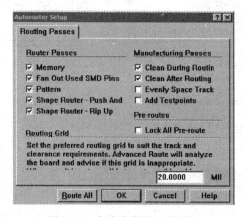

图 9-18 自动布线设置对话框

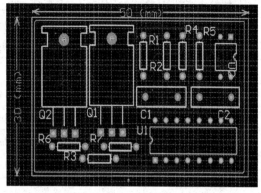

图 9-19 电路板自动布线结果

9.2.2 继电器控制电路设计

设计要求：

(1) 设计单层电路板。

(2) 电源、地线的铜膜线宽度为 25mil。

(3) 一般布线宽度为 10mil。

(4) 绘制继电器封装，命名为"K"。

(5) 设计电路板大小：2800mil×1600mil。

(6) 手工布局、手工布线。

1. 绘制原理图

绘制如图 9-20 所示电路原理图，元件信息如表 9-2 所示。

表 9-2 继电器控制电路元件信息表

元件序号	元件封装	元件大小	元件所在库	元件名称
R1	AXIAL0.4	50k	Miscellaneous Devices. Lib	RES2
R2	AXIAL0.4	200	Miscellaneous Devices. Lib	RES2
R3	AXIAL0.4	1k	Miscellaneous Devices. Lib	RES2
R4	AXIAL0.4	3k	Miscellaneous Devices. Lib	RES2
C1	RAD0.3	20μ	Miscellaneous Devices. Lib	CAP
C2	RAD0.3	47μ	Miscellaneous Devices. Lib	CAP
C3	RAD0.3	10μ	Miscellaneous Devices. Lib	CAP
Q1	TO-5		Miscellaneous Devices. Lib	UJT N

续表

元件序号	元件封装	元件大小	元件所在库	元件名称
Q2	TO-5		Miscellaneous Devices. Lib	UJT N
Q3	TO-126		Miscellaneous Devices. Lib	SCR
S1	四脚按钮		Miscellaneous Devices. Lib	SW-PB
S2	四脚按钮		Miscellaneous Devices. Lib	SW-PB
K1	K		Miscellaneous Devices. Lib	RELAY-SPDT
D1	DIODE0. 4		Miscellaneous Devices. Lib	DIODE
D2	DIODE0. 4		Miscellaneous Devices. Lib	DIODE

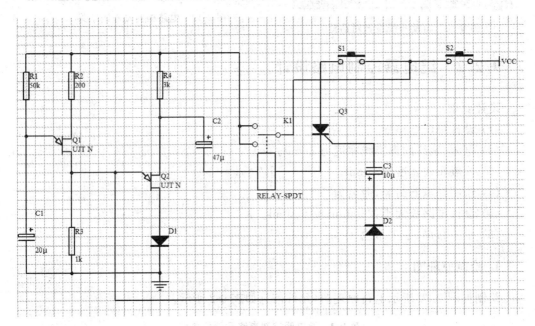

图 9-20　继电器控制电路原理图

2. 封装制作

步骤1：新建封装文件。执行 File→New 菜单命令，选择 PCB Library Document，新建 文件。

步骤2：绘制如图 9-21 所示继电器元件封装，命名为"K"。

步骤3：封装符号绘制完成后，将其导入 PCB 设计文件。

3. PCB 设计

步骤1：加载封装库。执行 Design→Add/Remove Library 菜单命令，加载 General IC. lib、Miscellaneous. lib 封装库。如果不添加，导入网络表时产生错误。

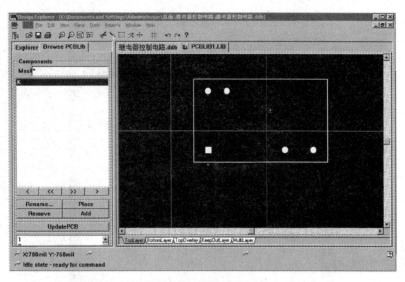

图 9-21　继电器封装符号

步骤 2:规划电路板。在 Keepout Layer 层绘制 2800mil×1600mil 电气边界。单击工具栏按钮，放置尺寸线。

步骤 3:选择 PCB 类型。在 PCB 编辑环境下,执行 Design→Layer Stack Manager 菜单命令,弹出对话框,如图 9-22 所示。

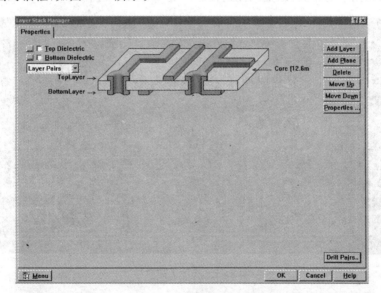

图 9-22　电路板板型设置

步骤 4:单击面板上的按钮　Menu,在其菜单命令列表中选择 Single Layer(单层板),其他参数采用默认值。

步骤 5:载入网络表。执行 Design→Load Nets 菜单命令,弹出 Load/Forward Annotate Netlist 对话框。单击 Browse 按钮,弹出 Select 对话框,如图 9-23 所示。

图 9-23 Select 对话框

步骤 6：采用手动布局，调整元件到合适位置，如图 9-24 所示。

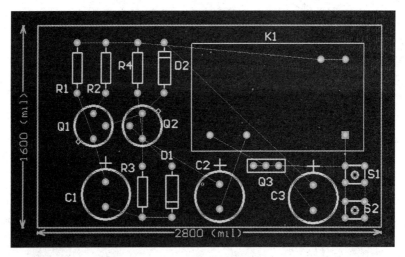

图 9-24 元件手动布局

步骤 7：设置布线规则。执行 Design→Rules 菜单命令，选择 Routing 标签中的 Width Constraint，双击进入界面。该区域中标出了导线的 3 个宽度，即最小线宽、最大线宽和优先尺寸。

步骤 8：单击面板中的 Properties... 按钮，分别设置电源 VCC 和地 GND 的线宽为 25mil，如图 9-25 所示。

步骤 9：手动布线，结果如图 9-26 所示。

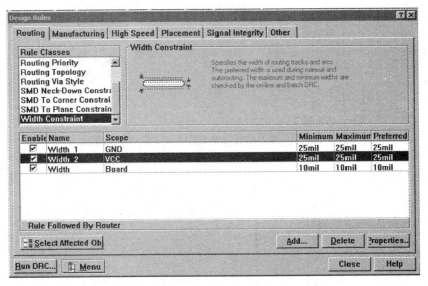

图 9-25　设置线宽

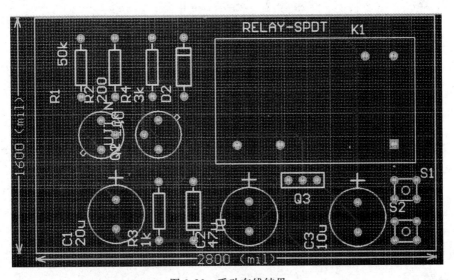

图 9-26　手动布线结果

☞上交作品

将作品的打印件粘贴在以下位置。

教学效果评价

		学生对该课的评语:
教学效果评价	学生评教	
		整体感觉 很满意□　满意□　一般□　不满意□　很差□
	教师评学	过程考核情况
		结果考核情况
		评价等级 优□　良□　中□　及格□　不及格□

9.3 任务 2——双面板设计实例

9.3.1 单片机系统实验板电路设计

单片机系统实验板作为常见的电子装置,可以实现时钟显示、闹钟设置、温度显示、日历查询等功能。下面将具体介绍由单片机控制完成的单片机系统实验板原理图及 PCB 的设计过程。

设计要求:

(1)设计双层电路板。

(2)电源、地线的铜膜线宽度为 1mm。

(3)一般布线宽度为 0.5mm。

(4)双面板尺寸 95mm×65mm。

(5)手动布局、自动布线。

1. 建立数据库项目文件

步骤 1：在 C 盘建立文件夹，命名为"单片机系统实验板"。

步骤 2：打开 Protel 99 SE 软件，执行 File→New Design 菜单命令，新建数据库 DDB 文件，保存至"单片机系统实验板"文件夹，文件名为"单片机系统实验板.DDB"，如图 9-27 所示。

图 9-27　新建 DDB 文件

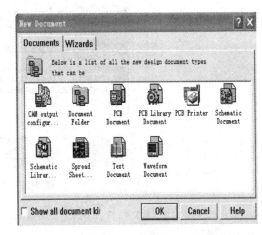

图 9-28　新建文件

步骤 3：执行 File→New 菜单命令，弹出文档文本框，如图 9-28 所示，分别创建原理图文件，名为"单片机系统实验板.sch"和"单片机系统实验板.pcb"。

2. 加载元件库

绘制原理图之前添加库文件，除默认的系统库文件 Miscellaneous Devices.lib，通常添加 Protel DOS Schematic Libraries.ddb 库文件，还需添加库中没有而自己创建的元件。

步骤 1：单击面板 Browse 窗口的下拉列表，选择 Libraries，然后单击面板下方的按钮 Add/Remove...，找到 Protel 99 SE 安装的根目录，选择 Library 文件夹，添加其中的库文件。

步骤 2：加载库中新创建的 4 位数码管元件符号，如图 9-29 所示。

3. 绘制单片机系统实验板电路原理图

绘制电路原理图如图 9-30 所示。原理图中元件的详细信息如表 9-3 所示。

步骤 1：打开数据库文件中的单片机系统实验板.sch。

步骤 2：按照原理图添加元件库，在原理图编辑器中放置所需元件，如图 9-31 所示。

步骤 3：添加元件的封装符号，确保每个元件封装符号的准确性。

步骤 4：完成元件布局、连线。

4. 电气规则检测及创建报表文件

原理图绘制完成后，做相应的电气规则检测，并创建报表文件，为后期 PCB 设计做好准备。

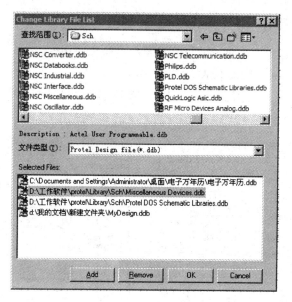

图 9-29　加载库文件

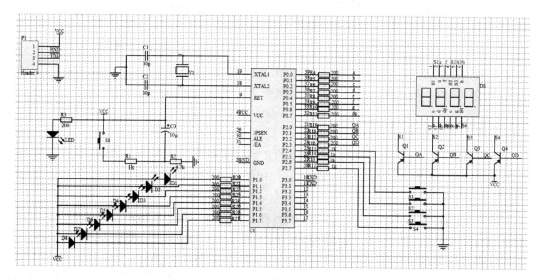

图 9-30　单片机系统实验板原理图

表 9-3　单片机系统实验板元件信息表

元件序号	元件封装	元件大小	元件所在库	元件名称
R1	AXIAL0.4	1k	Miscellaneous Devices. Lib	RES2
R2	AXIAL0.4	10k	Miscellaneous Devices. Lib	RES2
R3	AXIAL0.4	200	Miscellaneous Devices. Lib	RES2
R4～R11	AXIAL0.4	200	Miscellaneous Devices. Lib	RES2
R12～R15	AXIAL0.4	1k	Miscellaneous Devices. Lib	RES2

续表

元件序号	元件封装	元件大小	元件所在库	元件名称
R16～R28	AXIAL0.4	200	Miscellaneous Devices.Lib	RES2
C1	RAD0.3	30p	Miscellaneous Devices.Lib	CAP
C2	RAD0.3	30p	Miscellaneous Devices.Lib	CAP
C3	RB.2/.4	10μ	Miscellaneous Devices.Lib	CAP POL2
S1	四脚按钮		Miscellaneous Devices.Lib	SW-PB
S2	四脚按钮		Miscellaneous Devices.Lib	SW-PB
S3	四脚按钮		Miscellaneous Devices.Lib	SW-PB
S4	四脚按钮		Miscellaneous Devices.Lib	SW-PB
S5	四脚按钮		Miscellaneous Devices.Lib	SW-PB
U1	DIP40		自建库	8051
P1	SIP3		Miscellaneous Devices.Lib	CON3
DS	4 位数码管		自建库	DS
Y1	SIP2		Miscellaneous Devices.Lib	CRYSTAL
Q1	TO-92A		Miscellaneous Devices.Lib	NPN
Q2	TO-92A		Miscellaneous Devices.Lib	NPN
Q3	TO-92A		Miscellaneous Devices.Lib	NPN
Q4	TO-92A		Miscellaneous Devices.Lib	NPN

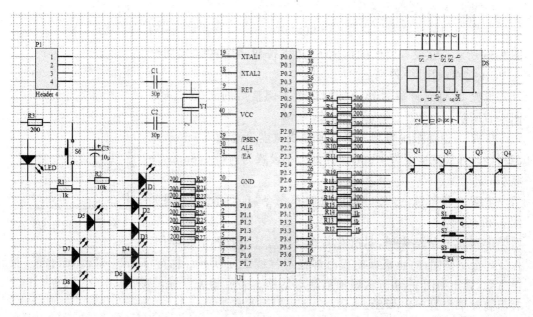

图 9-31　放置元件

步骤1:执行菜单命令 Tools→ERC,检测结果如图9-32所示。

```
C:\Documents and Settings\Administrator\桌面\单片机\单片机系统实验板.DDB
单片系统实验板.DDB | Documents | 单片机系统实验板.sch | 单片机系统实验板.ERC

Error Report For : Documents\单片机系统实验板.sch    9-Apr-2015   10:33:53


End Report
```

图9-32 ERC检测报表

步骤2:创建元件清单报表,检测元件的封装。执行菜单命令 Reports→Bill of Material,创建元件清单文件,检测元件编号和封装。

步骤3:创建网络表。执行 Design→Create Netlist 菜单命令,如图9-33所示。

5. PCB 设计

步骤1:双击打开创建的单片机系统实验板.pcb,进行环境设置,并规划电路板。

步骤2:选择当前工作层 Keepout Layer,绘制电路板电气边界,用于限制元件布局、敷铜走线的范围。设置边界范围95×65。绘制如图9-34所示边界图。

步骤3:导入 PCB 封装库。

步骤4:加载网络表。执行 Design→Load Nets 菜单命令,如图9-35所示。在没有错误的情况下,单击按钮 **Execute**,成功导入 PCB 文件,如图9-36所示。

步骤5:将元件放置到合适的位置。调整后的元件布局如图9-37所示。

步骤6:设置布线规则。将普通导线宽度设置为0.5mm,电源和地的导线宽度设为1mm;过孔的大小设置为内径0.8mm,外径1mm。

步骤7:执行 Auto Route→All 菜单命令,自动布线,结果如图9-38所示。

步骤8:布线结束后,对所有的焊盘和过孔进行补泪滴操作,保证焊盘更坚固,防止机械制板时焊盘与导线之间断开。执行 Tools→Teardrops... 菜单命令,弹出如图9-39所示添加泪滴对话框。完成相关设置,然后单击 OK 按钮。PCB补泪滴效果如图9-40所示。

```
单片机系统实验板.DDB | Documen
AXIAL-0.4
Res2

]
}
R14
AXIAL-0.4
Res2

]
}
R15
AXIAL-0.4
Res2

]
}
R16
AXIAL-0.4
Res2

]
}
R17
AXIAL-0.4
Res2

]
}
R18
AXIAL-0.4
Res2

]
}
R19
AXIAL-0.4
Res2

]
}
R20
AXIAL-0.4
Res2

]
}
R21
```

图9-33 网络表

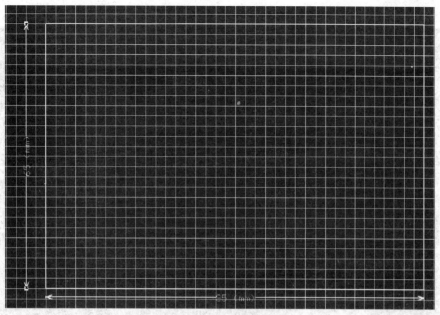

图 9-34 绘制电气边界

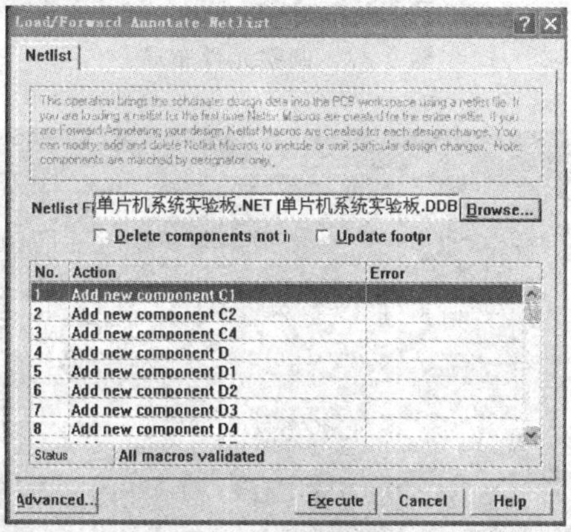

图 9-35 导入网络表文件

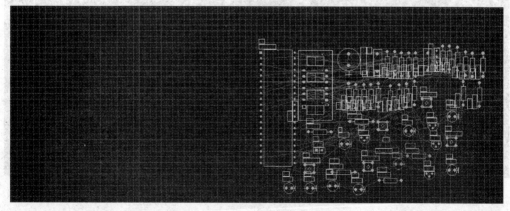

图 9-36 导入元件

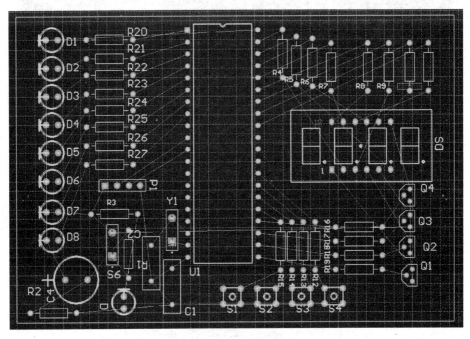

图 9-37　调整元件布局

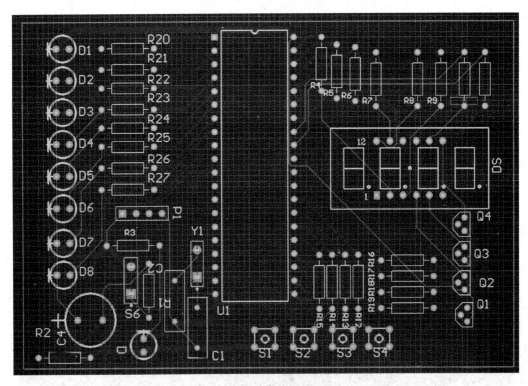

图 9-38　自动布线后的 PCB

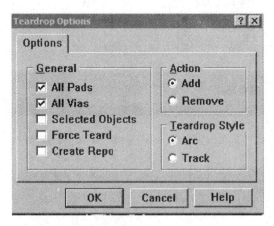

图 9-39 添加泪滴对话框

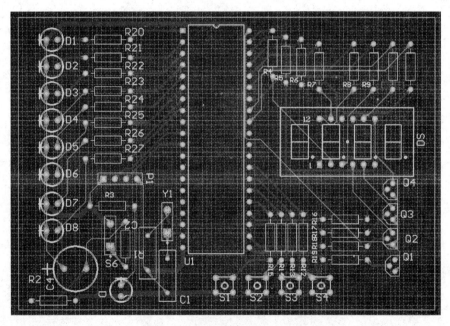

图 9-40 添加泪滴后的 PCB 图

☞上交作品

将作品的打印件粘贴在以下位置。

教学效果评价

教学效果评价	学生评教	学生对该课的评语：	
		整体感觉 很满意□ 满意□ 一般□ 不满意□ 很差□	
	教师评学	过程考核情况	
		结果考核情况	
		评价等级 优□ 良□ 中□ 及格□ 不及格□	

9.3.2 超声波测距电路设计

超声波测距是一种常用的测距方法,它具有测距准确、抗干扰能力强的特点,广泛使用在倒车雷达等装置中。

1. 原理图绘制

绘制如图9-41所示超声波测距电路原理图。

步骤1:新建"超声波测距电路.DDB"数据库文件。执行File→New菜单命令,新建"超声波测距.sch"文件。

步骤2:原理图图纸信息都采用系统默认值,不再另行设置;图纸大小为A4,方向为横向。

步骤3:添加库文件。执行Design→Add/Remove Library菜单命令,找到软件安装的根目录下自带封装库的路径,加载Miscellaneous Devices.ddb和Protel DOS Sch Libraries.ddb。

步骤4:在原理图上按表9-4所示添加元件。

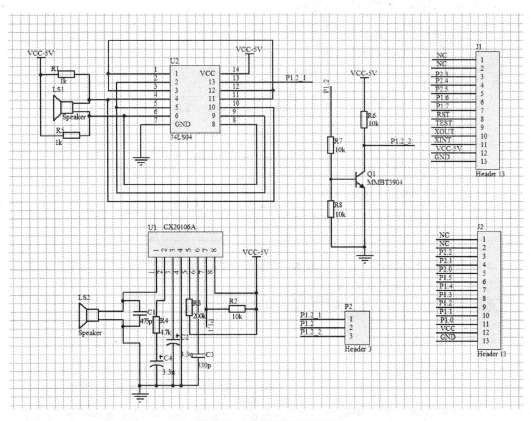

图 9-41　超声波测距原理图

表 9-4　超声波测距电路元件信息表

元件序号	元件封装	元件大小	元件所在库	元件名称
R1	0805	1k	Miscellaneous Devices. Lib	RES2
R2	0805	10k	Miscellaneous Devices. Lib	RES2
R3	0805	200k	Miscellaneous Devices. Lib	RES2
R4	0805	4.7k	Miscellaneous Devices. Lib	RES2
R5	0805	1k	Miscellaneous Devices. Lib	RES2
R6	0805	10k	Miscellaneous Devices. Lib	RES2
R7	0805	10k	Miscellaneous Devices. Lib	RES2
R8	0805	10k	Miscellaneous Devices. Lib	RES2
C1	1206	475p	Miscellaneous Devices. Lib	CAP
C2	1206	3.3μ	Miscellaneous Devices. Lib	CAP
C3	1206	330p	Miscellaneous Devices. Lib	CAP
C4	1206	3.3μ	Miscellaneous Devices. Lib	CAP

续表

元件序号	元件封装	元件大小	元件所在库	元件名称
J1	SIP-13		自建库	Header13
J2	SIP-13		自建库	Header13
LS1	SIP-2		Miscellaneous Devices. Lib	Speaker
LS2	SIP-2		Miscellaneous Devices. Lib	Speaker
U1	SIP-8		Miscellaneous Devices. Lib	CON8
U2	DIP-14		自建库	74LS04
P2	SIP-3		Miscellaneous Devices. Lib	CON3
Q1	TO -92A		Miscellaneous Devices. Lib	NPN

步骤5：为每个元件选择合适的封装，并编译电路。编译结束后，在信息框中检测编译结果，进行修改，直到没有错误。

步骤6：创建网络表文件。执行 Design→Create Netlist 菜单命令。

2. 印制电路板设计

步骤1：新建 PCB 文件。执行 File→New 菜单命令，新建并保存"超声波测距.pcb"文件。

步骤2：加载封装库。单击面板上的 Browse Libraries 下拉列表，选择 Libraries，然后单击按钮 Add/Remove... ，找到安装目录下的 PCB 封装 Miscellaneous. lib 和 PCB Footprints. lib 封装库并加载。

步骤3：规划电路板。执行 Design→Options 菜单命令，强出如图 9-42 所示对话框。在 Layers 标签下，设置双面板 TopLay BottomLi 。

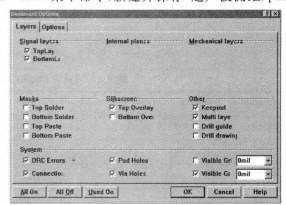

图 9-42　PCB 属性对话框

步骤4：设置图纸信息，并在 Keep Out—Layer 层绘制电路板的电气边界。

步骤5：导入网络表文件。执行 Design→Load Nets 菜单命令，导入"超声波测距.net"文件，如图 9-43 所示。

步骤6：将元件放置在电气边界内合适的位置，如图 9-44 所示。

步骤7：设置布线规则。如图 9-45 所示，设置不同的走线宽度，其他项按系统默认值设置。

步骤8：自动布线。执行 Auto Route→All 菜单命令，自动布线，结果如图 9-46 所示。

步骤9：添加泪滴后的 PCB 图如图 9-47 所示。

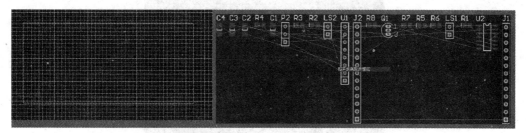

图 9-43 导入网络表的 PCB 文件

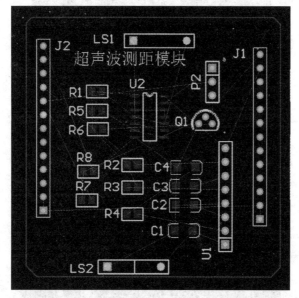

图 9-44 元件布局文件

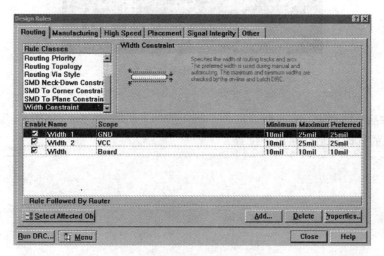

图 9-45 设置布线规则对话框

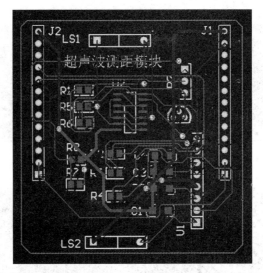

图 9-46　自动布线结果

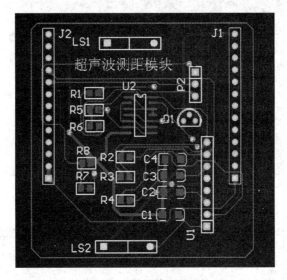

图 9-47　补泪滴 PCB 图

☞上交作品

将作品的打印件粘贴在以下位置。

教学效果评价

教学效果评价	学生评教	学生对该课的评语：	
		整体感觉	
			很满意□ 满意□ 一般□ 不满意□ 很差□
	教师评学	过程考核情况	
		结果考核情况	
		评价等级	
			优□ 良□ 中□ 及格□ 不及格□

9.4 本章总结

本章分别以单面板和双面板的具体设计实例介绍了 PCB 设计的基本流程。电路板设计过程总结如下。

1. 了解电路板的电气和机械性能

分析电路的设计要求，包括电路板的电气功能和电路板的机械安装、元件安装以及散热问题，为原理图设计和 PCB 设计做好准备。

2. 电路板设计流程

掌握电路板设计流程，以便对 PCB 设计有一个初步认识。

3. 设置电路板工作层面

设置电路板的工作层面是整个电路板设计的基础，主要包括电路板的基本结构、各个工作层面的作用、电路板工作层面的设置和几个需要注意的问题。

4. 规划电路板工作参数

设置合适的环境参数和系统参数,可以大大提高电路板设计的效率和质量。

5. 规划电路板

规划电路板的外形、电气边界和安装孔等内容。

6. 绘制原理图和创建网络表

网络表是印制电路板自动布线的灵魂,更是联系原理图和 PCB 设计的纽带和桥梁。保证在网络表载入之前,网络连接和元件的封装准确无误。

7. 载入网络表与元件封装

PCB 设计之前,需要加载网络表和元件封装。确认需要的所有元件封装库加载到 PCB 编辑器中。

8. 元件布局

通过实例,讲述自动布局参数的设置以及自动布局和手动布局的优、缺点,提出了两者相结合的布局方法。

9. 布线

主要介绍电路板设计中自动布线的各项参数设置,结合实例讲述自动布线和人工布线的方法。

习题

1. 熟悉常用元件的原理图符号和其对应的元件封装。
2. 用两种不同的方法在 PCB 编辑器中加载网络表和元件。
3. 自动布局和手动布局的优、缺点各有哪些?
4. 针对超声波测距电路板,对元件自动布局,将其结果与手动布局结果相比较,体会元件自动布局和手动布局相结合的要领。
5. 在自动布线的过程中,为什么要进行预布线?
6. 将自制的元件符号应用到原理图中,怎样操作?

Protel 99 SE 常用快捷键

Enter：选取或启动

Esc：放弃或取消

F1：启动在线帮助窗口

Tab：启动浮动图件的属性窗口

Page Up：放大窗口显示比例

Page Down：缩小窗口显示比例

End：刷新屏幕

Del：删除选取的元件（1 个）

Ctrl＋Del：删除选取的元件（2 个或 2 个以上）

X＋A：取消所有被选取图件的选取状态

X：将浮动图件左右翻转

Y：将浮动图件上下翻转

Space：将浮动图件旋转 90°

Ctrl＋Ins：将选取的图件复制到编辑区

Shift＋Ins：将剪贴板里的图件复制到编辑区

Shift＋Del：将选取的图件剪切放入剪贴板

Alt＋Backspace：恢复前一次操作

Ctrl＋Backspace：取消前一次恢复

Ctrl＋G：跳转到指定的位置

Ctrl＋F：寻找指定的文字

Alt＋F4：关闭

Spacebar：绘制导线、直线或总线时，改变走线模式

V＋D：缩放视图，以显示整张电路图

V＋F：缩放视图，以显示所有电路部件

P＋P：放置焊盘（PCB）

P＋W：放置导线（原理图）

P＋T：放置网络导线（PCB）

Home：以光标位置为中心，刷新屏幕

Esc：终止当前正在进行的操作，返回待命状态

Ctrl＋Tab：在打开的各个设计文件文档之间切换

Alt＋Tab：在打开的各个应用程序之间切换

A：弹出 Edit\Align 子菜单

B：弹出 View\Toolbars 子菜单

E：弹出 Edit 子菜单

F：弹出 File 子菜单

H：弹出 Help 子菜单

J：弹出 Edit\Jump 子菜单

L：弹出 Edit\Set Location Makers 子菜单

M：弹出 Edit\Move 子菜单

O：弹出 Options 子菜单

P：弹出 Place 菜单

R：弹出 Reports 菜单

S：弹出 Edit\Select 子菜单

T：弹出 Tool 菜单

V：弹出 View 菜单

W：弹出 Window 菜单

Z：弹出 Zoom 菜单左箭头，光标左移 1 个电气栅格

Shift＋左箭头：光标左移 10 个电气栅格

Shift＋右箭头：光标右移 10 个电气栅格

Shift＋上箭头：光标上移 10 个电气栅格

Shift＋下箭头：光标下移 10 个电气栅格

Ctrl＋1：以零件原尺寸大小显示图纸

Ctrl＋2：以零件原尺寸的 200％显示图纸

Ctrl＋4：以零件原尺寸的 400％显示图纸

Ctrl＋5：以零件原尺寸的 500％显示图纸

Ctrl＋F：查找指定字符

Ctrl＋G：查找替换字符

Ctrl＋B：将选定对象以下边缘为基准，底部对齐

Ctrl＋T：将选定对象以上边缘为基准，顶部对齐

Ctrl＋L：将选定对象以左边缘为基准，左对齐

Ctrl+R:将选定对象以右边缘为基准,右对齐

Ctrl+H:将选定对象以左右边缘的中心线为基准,水平居中排列

Ctrl+V:将选定对象以上下边缘的中心线为基准,垂直居中排列

Ctrl+Shift+H:将选定对象在左右边缘之间水平均布

Ctrl+Shift+V:将选定对象在上下边缘之间垂直均布

F3:查找下一个匹配字符

Shift+F4:将打开的所有文档窗口平铺显示

Shift+F5:将打开的所有文档窗口层叠显示

Shift+单击鼠标左键:选定单个对象

Ctrl+单击鼠标左键,再释放:选定多个对象

Shift+Ctrl+左键:移动单个对象

Ctrl后移动或拖动:移动对象时,不受电气格点限制

Alt后移动或拖动:移动对象时,保持垂直方向

Shift+Alt后移动或拖动:移动对象时,保持水平方向

Shift+F5:以层叠形式或平铺形式打开所有文档

Ctrl+Delete:删除选中的图件

Ctrl+C:复制

Ctrl+X:剪切

Ctrl+Page Down:对工作区缩放,以显示所有的图件

元件明细表

1. Protel 99 SE 元件明细表——分立元件库中英文对照

（1）原理图常用库文件

Miscellaneous Devices. ddb

Dallas Microprocess sor. ddb

Intel Databooks. ddb

Protel DOS Schematic Libraries. ddb

（2）PCB 元件常用库

AdvPCB. ddb

General IC. ddb

Miscellaneous. ddb

（3）分立元件库

AND　与门

ANTENNA　天线

BATTERY　直流电源

BELL　铃

BVC　同轴电缆接插件

BRIDEG 1　整流桥（二极管）

BRIDEG 2　整流桥（集成块）

BUFFER　缓冲器

BUZZER　蜂鸣器

CAP　电容

CAPACITOR 电容

CAPACITOR POL 有极性电容

CAPVAR 可调电容

CIRCUIT BREAKER 熔断丝

COAX 同轴电缆

CON 插口

CRYSTAL 晶体振荡器

DB 并行插口

DIODE 二极管

DIODE SCHOTTKY 稳压二极管

DIODE VARACTOR 变容二极管

DPY_3-SEG 三段 LED

DPY_7-SEG 七段 LED

DPY_7-SEG_DP 七段 LED(带小数点)

ELECTRO 电解电容

FUSE 熔断器

INDUCTOR 电感

INDUCTOR IRON 带铁芯电感

INDUCTOR3 可调电感

JFET N N沟道场效应管

JFET P P沟道场效应管

LAMP 灯泡

LAMP NEDN 启辉器

LED 发光二极管

METER 仪表

MICROPHONE 麦克风

MOSFET MOS 管

MOTOR AC 交流电机

MOTOR SERVO 伺服电机

NAND 与非门

NOR 或非门

NOT 非门

NPN NPN 三极管

NPN-PHOTO 感光三极管

OPAMP 运放

OR 或门

PHOTO 感光二极管

PNP PNP 三极管

NPN DAR　NPN 三极管

PNP DAR　PNP 三极管

POT　滑动变阻器

PELAY—DPDT　双刀双掷继电器

RES1.2　电阻

RES3.4　可变电阻

RESISTOR BRIDGE　桥式电阻

RESPACK　电阻

SCR　晶闸管

PLUG　插头

PLUG AC FEMALE　三相交流插头

SOCKET　插座

SOURCE CURRENT　电流源

SOURCE VOLTAGE　电压源

SPEAKER　扬声器

SW　开关

SW—DPDY　双刀双掷开关

SW—SPST　单刀单掷开关

SW—PB　按钮

THERMISTOR　电热调节器

TRANS1　变压器

TRANS2　可调变压器

TRIAC　三端双向晶闸管

TRIODE　三极真空管

VARISTOR　变阻器

ZENER　齐纳二极管

2. 其他元件库

Protel DOS Schematic 4000 CMOS. Lib40　CMOS 管集成元件库

4013　D 触发器

4027　JK 触发器

Protel DOS Schematic Analog Digital. Lib　模拟数字式集成块元件库

Protel DOS Schematic Comparator. Lib　比较放大器元件库

Protel DOS Schematic Intel. Lib　Intel 公司的 80 系列 CPU 集成元件库

Protel DOS Schematic Linear. Lib　线性元件库

Protel DOS Schematic Memory Devices. Lib　内存存储器元件库

Protel DOS Schematic Synertek. Lib　SY 系列集成块元件库

Protel DOS Schematic Motorlla. Lib　摩托罗拉公司生产的元件库

Protel DOS Schematic NEC. Lib　　NEC 公司生产的元件库
Protel DOS Schematic Operationel Amplifers. Lib　运算放大器元件库
Protel DOS Schematic TTL. Lib　晶体管集成块元件库 74 系列
Protel DOS Schematic Voltage Regulator. Lib　电压调整集成块元件库
Protel DOS Schematic Zilog. Lib　齐格格公司生产的 Z80 系列 CPU 集成块元件库

3. 元件属性对话框中英文对照

Lib ref　元件名称
Footprint　器件封装
Designator　元件称号
Part　器件类别或标示值
Schematic Tools　主工具栏
Writing Tools　连线工具栏
Drawing Tools　绘图工具栏
Power Objects　电源工具栏
Digital Objects　数字器件工具栏
Simulation Sources　模拟信号源工具栏
PLD Toolbars　映像工具栏

附录C

常见元件封装

电阻　AXIAL

无极性电容　RAD

电解电容　RB

电位器　VR

二极管　DIODE

三极管　TO

电源稳压管 78 系列　TO-126H

电源稳压管 79 系列　TO-126V

场效应管　TO

整流桥　D-44、D-37、D-46

单排多针插座　CON SIP

双列直插元件　DIP

晶振　XTAL1

电阻:RES1,RES2,RES3,RES4;封装属于 AXIAL 系列

无极性电容:CAP;封装属性为 RAD-0.1～RAD-0.4

电解电容:ELECTROL;封装属性为 RB.2/.4～RB.5/1.0

电位器:POT1,POT2;封装属性为 VR-1～VR-5

二极管:封装属性为 DIODE-0.4(小功率)

　　　　　封装属性为 DIODE-0.7(大功率)

三极管:常见的封装属性为 TO-18(普通三极管)、TO-22(大功率三极管)和 TO-3
(大功率达林顿管)

集成块:DIP8～DIP40。其中,8～40 指管脚数

参 考 文 献

[1] 郑鹏思,林远长.Protel 99 SE 入门与经典实例[M].北京:人民邮电出版社,2008.

[2] 赵景波,张伟.Protel 99 SE 实用教程[M].2 版.北京:人民邮电出版社,2008.

[3] 赵景波,张伟.电路设计与制板 Protel 99 SE 高级应用[M].修订版.北京:人民邮电出版社,2012.

[4] 叶建波.Protel 99 SE 电路设计与制板技术[M].北京:清华大学出版社,2011.

[5] 郭勇,董志刚.Protel 99 SE 印制电路板设计教程[M].北京:机械工业出版社,2004.

[6] 清源计算机工作室.Protel 99 SE 原理图与 PCB 及仿真[M].北京:机械工业出版社,2004.

[7] 鲁娟娟.电子线路 CAD 项目化教程[M].北京:北京理工大学出版社,2013.

[8] 熊建云.Protel 99 SE EDA 技术及应用[M].北京:机械工业出版社,2009.

[9] 孙燕,刘爱民,等.Protel 99 设计与实例[M].北京:机械工业出版社,2000.

[10] 胡良君,谭本军.Protel 99 SE 印制电路板设计与制作[M].北京:电子工业出版社,2012.